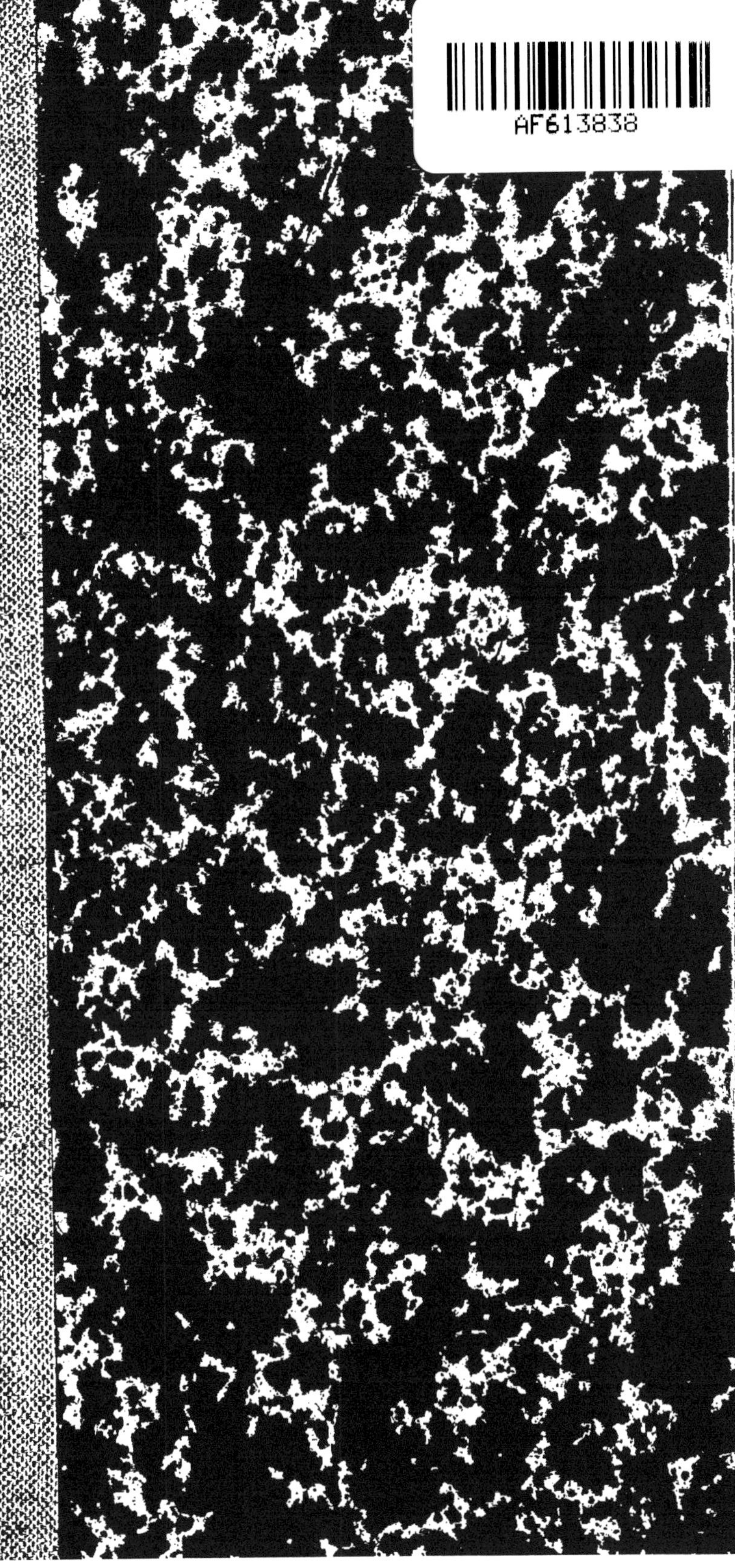

CONSIDÉRATIONS

SUR LA

PRESSION OSMOTIQUE

ET QUELQUES PROPRIÉTÉS DES DISSOLUTIONS

— APPLICATIONS A LA BIOLOGIE —

PAR

Le Dr A.-M. CHANOZ

Pharmacien de 1re Classe,
Licencié ès Sciences physiques,
Ex-Préparateur de Physique à la Faculté des Sciences de Lyon,
Chef des Travaux de Physiologie à la Faculté de Médecine,
Ex-Pharmacien-adjoint Lauréat des Hôpitaux de Lyon,
Ex-Interne de l'Asile d'Aliénés du Rhône,
Lauréat de la Faculté de Médecine et de Pharmacie de Lyon (1892-93-[illegible])

LYON

A. REY, IMPRIMEUR-ÉDITEUR DE L'UNIVERSITE

4, RUE GENTIL, 4

1899

CONSIDÉRATIONS

SUR LA

PRESSION OSMOTIQUE

ET QUELQUES PROPRIÉTÉS DES DISSOLUTIONS

CONSIDÉRATIONS

SUR LA

PRESSION OSMOTIQUE

ET QUELQUES PROPRIÉTÉS DES DISSOLUTIONS

— APPLICATIONS A LA BIOLOGIE —

PAR

Le Dr A.-M. CHANOZ

Pharmacien de 1re Classe,
Licencié ès Sciences physiques,
Ex-Préparateur de Physique à la Faculté des Sciences de Lyon.
Chef des Travaux de Physiologie à la Faculté de Médecine,
Ex-Pharmacien-adjoint Lauréat des Hôpitaux de Lyon,
Ex-Interne de l'Asile d'Aliénés du Rhône,
Lauréat de la Faculté de Médecine et de Pharmacie de Lyon (1892-93-94).

LYON

A. REY, IMPRIMEUR-ÉDITEUR DE L'UNIVERSITE

4, RUE GENTIL 4

1899

En terminant nos études médicales, nous tenons à remercier :

M. G. GOUY, professeur de physique à la Faculté des Sciences de Lyon.

C'est dans son Laboratoire que, durant plusieurs années, en qualité de Préparateur nous avons appris à connaître la physique.

M. J.-P. MORAT, professeur de physiologie à la Faculté de médecine de Lyon.

Il nous a fait l'honneur de nous agréer comme chef des travaux dans son Laboratoire

CONSIDÉRATIONS

SUR

LA PRESSION OSMOTIQUE

ET QUELQUES PROPRIÉTÉS DES DISSOLUTIONS

But du travail. — Nous nous sommes proposé :

1° D'étudier quelques actions moléculaires des corps ; certaines propriétés des dissolutions : congélation, vaporisation et pression osmotique ; de montrer les relations qui existent entre ces différentes propriétés.

2° De rechercher dans quelle mesure la pression osmotique explique les phénomènes observés chez les êtres vivants.

CHAPITRE PREMIER

CONSIDÉRATIONS GÉNÉRALES

Atomes et Molécules. — De nos jours on émet les idées suivantes sur la constitution de la matière.

La matière n'est pas divisible à l'infini : un corps est formé de parties très petites insécables, mais de dimensions finies que l'on nomme *atomes*. Tous les atomes ne sont pas identiques; chaque sorte d'atomes : O. Cl. Br. etc., a ses propriétés particulières. En général, les atomes n'existent pas à l'état libre; ils se groupent en nombre déterminé, petit d'ordinaire, constituant un agrégat, sorte d'édifice que l'on appelle *molécule*.

La molécule peut exister à l'état de liberté ; elle jouit des propriétés du corps qu'elle constitue, tandis que l'atome n'a pas nécessairement les propriétés du corps ou de la molécule. La molécule peut être formée d'atomes de même nature : la molécule est celle d'un corps simple, d'un élément; on dit que la molécule est monoatomique, diatomique, etc., suivant qu'elle contient 1, 2, etc., atomes identiques. L'hydrogène, le chlore sont diatomiques ; les molécules d'hydrogène, de chlore sont H^2, Cl^2. Le mercure est monoatomique, sa molécule est Hg. Az^3 représente la molécule triatomique de l'azote, etc. Si la molécule renferme des atomes de nature différente, on a un corps composé : H^2 O, Az O^3 K, K I sont des corps composés.

Toutes les molécules d'une combinaison chimique déterminée sont identiques : elles ont toutes le même nombre d'atomes élémentaires rangés dans le même ordre. Les isomères ont leurs molécules constituées par le même nombre d'atomes élémentaires, mais orientés différemment.

Quand deux éléments (corps simples) donnent des combinaisons différentes, les molécules de ces combinaisons différentes se distinguent par le nombre ou au moins par l'arrangement des atomes constituants.

Dimensions. — De considérations basées sur la théorie ondulatoire de la lumière, le phénomène de l'électricité de contact, l'attraction capillaire, la théorie cinétique des gaz, il résulte que le diamètre des atomes ou des molécules est compris entre ces limites : $\frac{1}{100.000.000}$ et $\frac{1}{1.000.000.000}$ de millimètre[1].

Forces. — On est conduit à admettre des liaisons entre les atomes d'une même molécule, entre les diverses molécules d'un corps ; des forces, les forces moléculaires, agiraient entre ces diverses particules. On suppose que ces forces sont centrales, c'est-à-dire qu'elles agissent suivant la droite qui réunit ces particules, obéissant à une certaine loi inconnue de la distance. Parmi ces forces, certaines seraient attractives, d'autres répulsives ; on explique l'expansibilité des gaz en disant que les forces répulsives sont prépondérantes.

Des corps de nature physico-chimique différente étant mis en contact suffisamment intime, des actions moléculaires nouvelles prennent naissance entre les molécules hétérogènes de ces corps différents ; on a un nouveau système de forces à considérer ; il y a modification de l'ancien état d'équilibre supposé.

L'étude des actions moléculaires qui s'exercent dans les solides, les liquides, les gaz entre des molécules de même nature ; et des actions moléculaires exercées entre

[1] Conférences et allocutions scientifiques de sir W. Thomson. — Lugol et Brillouin, traducteurs, 1893, p. 141. — Consulter aussi : Houllevigue, Chaleur de vaporisation et dimensions moléculaires (*Journal de physique*, 1896, t. IV, p. 157). — Vincent, Couches de passage et activité moléculaire (*Revue des Sciences*, juin 1899).

les solides et les liquides, les solides et les gaz, les liquides et les gaz, constitue une partie importante de la physico-chimie.

Rayon d'activité. — Les actions spécifiques des corps ne sont pas sensibles à des distances relativement très faibles ; elles se font sentir seulement dans un rayon très restreint autour des molécules considérées : c'est le *rayon d'activité moléculaire.*

Les molécules situées dans la *sphère d'activité moléculaire* sensible correspondant à ce rayon seront intéressées par la molécule centrale. Les molécules situées en dehors de cette sphère ne seront soumises à aucune action sensible de cette molécule centrale.

Des recherches nombreuses de natures diverses font penser que cette sphère d'activité sensible a un rayon voisin de 0µ05[1].

Si l'on admet comme limites des dimensions moléculaires 0mµ1 et 1mµ[2], on voit que 1000 molécules de diamètre 0mµ1 assemblées en ligne droite prendront place dans la sphère d'activité de l'une ou l'autre des molécules extrêmes de la droite; le nombre total des molécules situées dans la sphère et soumises à l'action moléculaire de la particule centrale sera de l'ordre de 10^9 (milliard).

Etude de l'état gazeux. — 1° Un gaz n'a pas de forme qui lui soit propre. Il est expansible : il remplit complètement l'espace qu'on lui offre, comme si les molécules qui constituent ce gaz se repoussaient le plus possible. De cette propriété, on peut conclure : dans les gaz, l'attraction moléculaire est très faible.

2° Une masse donnée de gaz occupe un volume qui est déterminé par la température et la pression, ce qui s'exprime ainsi : le volume d'un gaz est fonction de la température et de la pression ou $v = f(p.\ t)$.

[1] µ = micron, vaut un millième de millimètre.

[2] mµ = millième de micron = millionième de millimètre.

Les propriétés des gaz sont régies par les lois suivantes :

Loi de Boyle (1662) ou de Mariotte (1679). — *A température constante, le volume d'une masse gazeuse est en raison inverse de la pression.*

$$\frac{v}{v^1} = \frac{p^1}{p} \text{ ou } pv = p_1v_1 = \text{Constante.}$$

Loi de Gay-Lussac. — a) *A pression constante, une même élévation de température produit la même augmentation de volume.*

L'augmentation de volume subie par l'unité de volume d'un gaz quelconque quand la température varie de 1 degré centigrade se nomme *coefficient de dilatation.*

La valeur de ce coefficient est $\frac{1}{273} = 0{,}00367 = \alpha$.

Une certaine masse gazeuse ayant à 0 le volume V_0 a à t^0 le volume $V_t = V_0 (1 + \alpha t)$.

b) *Quand le volume du gaz est assujetti à demeurer constant, l'élévation de température amène une augmentation de la pression du gaz.* Elle est de $\frac{1}{27}$ pour une élévation de 1 degré centigrade. La pression étant p_0 à 0 devient $p_t = p_0 \cdot (1 + \alpha t)$ à $t°$.

c) Si la masse gazeuse peut changer de volume et de pression, la variation de température amène des changements de volume et de pression.

Si la pression et le volume sont p_0, v_0 à 0° : à t_0 ils seront pv ; on aura (1) $pv = p_0 v_0 (1 + \alpha t) = p_0\ v_0 (1 + \frac{1}{273} t)$

$$= \frac{p_0 v_0}{273} (273 + t).$$

Considérons une échelle thermométrique dont le zéro soit à 273 degrés au-dessous du zéro centigrade ; c'est l'échelle des *températures absolues*. Dans cette échelle, *la température centigrade* t devient $273 + t = T$, température absolue. Remplaçons dans (1), il vient : $pv = \frac{p_0 v_0}{273} \times T$.

Pour une masse gazeuse donnée $\frac{p_0 V_0}{273}$ est un quantité constante $= R$. Par suite, $pv = RT$.

L'expression $PV = RT$ *constitue l'équation générale des gaz.* R est une constante égale à 84.700 environ.

Donc, $PV = RT = 84.700 . T$, V étant mesuré en centimètres cubes — P en grammes par centimètre carré.

Remarques. I. — Ces lois ne sont que des lois limites s'appliquant aux gaz « parfaits » ; les gaz réels s'en rapprochent plus ou moins, d'autant plus qu'ils sont plus parfaits.

II. — Dans les limites où elles sont correctes, ces lois s'appliquent à tous les gaz, quelle que soit leur constitution chimique ; elles ne dépendent pas de la nature du gaz, elles dépendent seulement, ainsi qu'on le verra plus loin, du nombre des molécules contenues dans un volume donné du gaz.

Les propriétés des gaz sont « colligatives » (Wundt) : elles ne dépendent que du nombre des molécules.

Toute propriété colligative permet de résoudre les questions sur le nombre ou la grandeur des molécules.

Hypothèse d'Avogadro et d'Ampère. — *Dans les mêmes conditions de température et de pression, volumes égaux de gaz différents renferment même nombre de molécules.* Ce qui revient à dire : dans les mêmes conditions de température et de pression, les molécules des différents gaz sont également éloignées les unes des autres.

Une remarque importante découle de cette hypothèse, Puisque des volumes égaux de gaz (dans les mêmes conditions : *p. t.)* renferment le même nombre de molécules, les poids de ces volumes égaux de gaz sont proportionnels aux poids de leurs molécules-types. Autrement dit : les densités des corps gazeux sont dans le rapport de leurs poids moléculaires (Gay-Lussac).

On a : poids moléculaire P. M = densité de vapeur rapportée à l'air, multipliée par 28.87 ou P. M. = D × 28.87.

Cette relation permet de déterminer les poids moléculaires ; il suffit pour cela de mesurer une densité de vapeur.

Anomalies. — De la relation précédente, on tire $D = \frac{P.\ M}{28,87}$.

Certains gaz n'ont pas la densité de vapeur qui correspond à cette formule. Ils semblent donc faire exception à l'hypothèse d'Avogadro ; en réalité, ces anomalies ne sont qu'apparentes ; au lieu d'infirmer la théorie d'Avogadro, elles la confirment.

Rappelons quelques exemples :

AzH^4Cl a pour poids moléculaire 53,5 ; théoriquement, sa densité de vapeur devrait être $\frac{53,5}{28,87} = 1,83$; elle est 0,89 (Bineau) $= \frac{1,83}{2}$ environ. Pourquoi cette anomalie? Parce que AzH^4Cl chauffé se dissocie et donne à l'état de vapeur un mélange : $AzH^3 + HCl$. La molécule AzH^4Cl donne deux molécules, le volume gazeux devient double de ce qu'il devrait être ; la densité est réduite de moitié.

C'est bien ainsi que la réaction se passe ; l'expérience de Pébal le montre. On fait passer la vapeur produite au travers d'un tampon d'amiante : les deux corps AzH^3 et HCl se séparent, car ils ont des vitesses de diffusion inégales.

D'autres corps : carbamate d'ammonium, hydrate de chloral, calomel, P Cl^5, etc., ont aussi une densité de vapeur trop faible à certaines températures. Un phénomène de dissociation analogue explique la différence.

Par contre, on trouve des corps dont la densité de vapeur est trop considérable. Ainsi, d'après la théorie, le soufre devrait avoir la densité de vapeur 2,2 ; on trouve cette densité normale à 800 degrés (Deville-Troost) par contre, à 500 degrés (Dumas), on a la densité anormale 6,6. On explique ce fait en disant qu'à 500 degrés, la molécule de soufre est plus condensée que normalement ; elle est S^6 au lieu de S^2.

Ainsi, les exceptions à la théorie d'Avogadro sont apparentes. Des phénomènes de dissociation ou de condensation moléculaire expliquent les anomalies.

Théorie cinétique des gaz. — Due à D. Bernouilli (1738), elle fut reprise et perfectionnée par un grand nombre de savants : Clausius, Maxwell, van der Waals. Disons rapidement en quoi elle consiste :

Les gaz, les vapeurs sont considérés comme formés de molécules très petites, séparées par des espaces intermoléculaires très grands par rapport aux dimensions de ces particules. Les molécules ont un volume matériel b, appelé *covolume*. Le volume du gaz est V. L'espace inoccupé par la matière dans ce volume apparent V est $V - b$.

Le gaz paraît en repos ; ce repos n'est qu'apparent. Les molécules sont animées de vitesses assez grandes. On a pu calculer qu'une molécule d'oxygène avait à 0 degré une vitesse de 461 mètres par seconde ; H^2 une vitesse de 848 mètres ; Az^3 492, etc.

Les particules peuvent présenter diverses sortes de

mouvement : mouvement de translation, de rotation des molécules, mouvement d'oscillation des atomes dans les molécules.

Tout mouvement représente de l'énergie, de la force vive, égale au demi-produit de la masse qui se meut par le carré de la vitesse $\frac{mv^2}{2}$. Chacun de ces mouvements intra-gazeux représente donc une certaine force vive, une certaine énergie. On aura à considérer : l'énergie de translation, l'énergie de rotation des molécules, l'énergie de vibration des atomes. La somme de ces quantités pour toutes les particules, mesure l'énergie totale du mouvement interne dans le gaz : l'énergie cinétique du gaz.

Les molécules se déplacent dans tous les sens dans l'espace occupé par le gaz, dans tout l'espace vide que l'on présente à ce gaz (expansibilité).

Par suite de ces mouvements continuels, on a une répartition uniforme des molécules : la densité est la même partout.

Les molécules viennent choquer les parois du récipient qui contient le fluide ; elles sont réfléchies à l'intérieur. Ces chocs qui se succèdent sans arrêt font naître une pression sur l'enveloppe : c'est la *pression gazeuse* mesurable par un manomètre. La valeur de cette pression est sous la dépendance de la masse, de la vitesse et du nombre des molécules gazeuses.

Les molécules se meuvent suivant des trajectoires très tendues (on peut les supposer rectilignes) jusqu'à ce que la rencontre d'une paroi ou d'autres molécules modifie leur direction et aussi leur vitesse.

De telles rencontres, qui modifient à chaque instant la direction suivie par les molécules, expliquent la lenteur de diffusion des gaz de certains parfums (musc, par exemple). Maxwel a calculé que le chemin moyen parcouru par une molécule sans en rencontrer d'autres est infiniment petit $\frac{1}{6.000\,000}$ de mètre.

Puisque les chocs modifient les vitesses de certaines molécules, en général, à un moment donné, on a dans un gaz toutes les vitesses possibles.

On admet que, dans un volume donné de la masse gazeuse le nombre des molécules reste constant; les molécules qui pénètrent dans ce volume remplacent un nombre égal de molécules qui s'éloignent: on a ce que l'on appelle *un état de mouvement stationnaire.*

Pour établir les formules, on fait quelques simplifications.

1° Au gaz réel, dont les molécules ont des vitesses différentes, on substitue un gaz fictif, dont les molécules composantes possèdent des propriétés identiques, toutes ont la même force vive de translation, de rotation, etc., mais l'effet total pour ce gaz fictif est le même que pour le gaz réel.

Chaque molécule a la masse m, la force vive moyenne totale $\frac{mv^2}{2}$.

2° De plus, on admet que le covolume b des molécules est négligeable, c'est-à-dire que l'espace offert aux déplacements des particules matérielles est non pas $V-b$ mais V.

3° On suppose que les actions attractives entre les molécules sont négligeables par rapport aux autres forces du système.

En tenant compte de toutes ces hypothèses, le raisonnement conduit à l'équation suivante : $pv = \frac{2}{3} \cdot \frac{Nmv^2}{2}$; $\frac{N\,mv^2}{2}$ représente l'énergie cinétique du gaz. Mais on sait que $pv = RT =$ Constante pour tous les gaz ; donc $pv = \frac{2}{3} \cdot \frac{Nmv^2}{2} =$ Constante. D'où cette conclusion : A la même température, sous la même pression, des volumes égaux de gaz différents possèdent des forces vives égales.

Si la température d'un gaz varie, le produit pv varie dans le même sens ; par suite, la quantité $\frac{2}{3} \cdot \frac{Nmv^2}{2}$ variera de même : la force vive moléculaire d'un gaz croît avec la température ; les variations de température modifient la vitesse v des molécules ; cette vitesse v ou son carré v^2 est une mesure de la température.

Ainsi l'énergie interne d'un gaz varie avec la température de telle sorte que l'on a toujours $pv = RT = \frac{2}{3} \cdot \frac{Nmv^2}{2}$. Pour $T = 0$, c'est-à-dire au zéro absolu, il vient $pv = 0 = \frac{2}{2} \cdot \frac{N\,m\,v^2}{2}$. Au zéro absolu, l'énergie d'un gaz serait nulle : v serait égal à 0, les molécules seraient en repos absolu ; telle est l'idée que l'on se fait du zéro absolu dans la théorie cinétique des gaz.

Atomicité des molécules. — Les molécules gazeuses possèdent plusieurs sortes de mouvements : translation, rotation, oscillation.

L'énergie totale H du gaz, on l'a vu, est mesurée par la somme des forces vives de tous les mouvements moléculaires.

Si les molécules ne possédaient qu'un mouvement de translation on n'aurait à considérer que l'énergie de translation K ; l'énergie totale se confondrait avec l'énergie K, on aurait $\frac{H}{K} = 1$.

Des considérations sur lesquelles nous n'insisterons pas ont conduit à diverses relations entre H et K, celle-ci, par exemple $\frac{H}{K} = \frac{2}{3} \cdot \left(\frac{1}{\frac{C}{c} - 1} \right)$ dans laquelle C est la chaleur spécifique du gaz sous pression constante, c la chaleur spécifique sous volume constant.

D'après cette égalité, on a $\frac{H}{K} = 1$ si $\frac{C}{c} = 1,66$.

Or, la vapeur de mercure donne un rapport $\frac{C}{c} = 1,66$. Toute l'énergie de la vapeur du mercure est donc représentée par de l'énergie de translation. La molécule est monoatomique.

Ramsay, en mesurant la vitesse du son dans un tuyau rempli d'argon, a trouvé pour le rapport $\frac{C}{c}$ des chaleurs spécifiques de ce gaz les valeurs : 1,61, 1,66, moyenne = 1,63. Par analogie, il a conclu que l'argon est monoatomique.

Pour la plupart des gaz, le rapport $\frac{C}{c}$ a la valeur 1,41, d'où l'on déduit $\frac{H}{K} = 1,63$. H > K. Dans ces gaz, il y a d'autres mouvements que des mouvements de translation.

Considérons une molécule animée d'un mouvement de rotation autour de son centre de gravité ; le centre est immobile ; ce sont, les points de la surface qui se déplacent le plus : la vitesse des différents points de la molécule croît à mesure qu'on s'éloigne du centre de rotation. L'énergie de rotation de cette molécule se compose des énergies de tous ses points. Mais l'énergie d'un point est proportionnelle au carré de la vitesse, par suite cette énergie sera d'autant plus grande que le point sera plus écarté du centre de rotation.

Soient deux molécules animées de la même vitesse angulaire de rotation : l'une simple, formée d'un seul atome, l'autre polyatomique. Les atomes de cette dernière molécule sont à une assez grande distance du centre de gravité de l'édifice moléculaire.

D'après ce qu'on a dit plus haut, il est évident que la molécule polyatomique possède une énergie de rotation plus considérable que la molécule monoatomique. Tandis que l'énergie de rotation de cette dernière molécule était négligeable devant l'énergie de translation et que l'on avait $H = K$ sensiblement, dans le cas de la molécule polyatomique, l'énergie de translation K n'est qu'une part de l'énergie totale K, on a $H > K$.

Ainsi, l'étude de $\frac{H}{K}$ ou de $\frac{C}{c}$ permet de deviner l'atomicité d'une molécule ; c'est à la théorie cinétique que l'on doit ces résultats.

COMPLÉMENTS. — De plus, la théorie cinétique conduit à une expression de la loi des gaz plus approchée que la relation $PV = RT$, relation dont les gaz s'écartent surtout pour les pressions élevées.

Nous avons montré que, pour établir les formules (p. 16), on faisait des simplifications :

1° On suppose que les molécules se meuvent dans l'espace V, volume apparent du gaz ; en réalité, les molécules ont un volume fini, matériel *b* ; l'espace inoccupé laissé libre pour les déplacements des particules gazeuses est donc seulement $V\text{-}b$. C'est ce terme qui doit entrer dans l'équation des gaz à la place de V.

On remarquera que le volume matériel *b* est constant ; si l'on diminue, par une compression, le volume apparent V du gaz, le co-volume *b* devient plus important par rapport à $V - b$, diffère de plus en plus de V à mesure que la compression augmente.

2° Les attractions qui s'exercent entre les molécules

d'un gaz sont très faibles par rapport aux autres forces; il faut cependant en tenir compte.

Laplace a démontré qu'un liquide est soumis à deux sortes de pressions. Il supporte : 1° La pression extérieure exercée à sa surface; 2° la tension superficielle de ce liquide, laquelle résulte des actions attractives exercées entre les molécules du fluide. La pression à l'intérieur de ce liquide, la *pression interne*, est la somme de ces deux pressions de même sens dirigées de l'extérieur à l'intérieur.

Van der Waals applique aux gaz le raisonnement de Laplace : les molécules gazeuses ont une action réciproque attractive; il en résulte une sorte de tension superficielle qui agit dans le sens de la pression extérieure. La pression interne du gaz est la somme de ces deux pressions.

L'action réciproque des molécules est proportionnelle aux masses agissantes; elle varie en raison inverse du carré du volume occupé par la masse gazeuse considérée, elle est $\frac{a}{v^2}$. En appelant P la pression extérieure exercée sur le gaz, la pression réelle, interne du gaz $= P + \frac{a}{v^2}$; si l'on tient compte des remarques précédentes, l'équation générale des gaz $PV = RT$ devient $\left(P + \frac{a}{V^2}\right)(V - b) = RT$[1].

C'est l'équation de Van der Waals plus approchée que les relations de Mariotte et Gay Lussac.

Température critique. — Ainsi, dans un gaz on peut

[1] a et b sont des constantes pour chaque gaz ; on les déduit des courbes expérimentales des produits pv en fonction de v ou p.

considérer : 1° Une pression dirigée de dedans en dehors, due au choc des molécules sur les parois du récipient ; c'est la pression interne, qui correspond à la force vive moléculaire ;

2° La pression extérieure agissant sur le gaz de dehors en dedans ;

3° L'attraction qui s'exerce entre les molécules gazeuses et qui agit dans le sens de la pression extérieure contre la pression due à la force vive moléculaire.

Quand on comprime un gaz, ses molécules se rapprochent ; leur attraction mutuelle augmente pendant un certain temps ; il peut arriver que cette attraction devienne suffisante pour annihiler l'expansibilité. A ce moment, la pression extérieure devient inutile pour maintenir le fluide sous ce volume : il y a liquéfaction. Quelles sont les conditions de cette liquéfaction ?

L'expansibilité du gaz dépend de la force vive de ses molécules ; cette force vive dépend de la température du gaz. Pour une certaine température, la force d'expansion du gaz sera trop forte pour pouvoir être annihilée par l'attraction mutuelle des molécules, quel que soit le rapprochement de ces molécules : quelle que soit la compression exercée sur le fluide, la liquéfaction n'aura pas lieu.

Si la température a une valeur plus faible convenable, la force vive du gaz est assez faible pour que, avec une diminution de volume suffisante, un rapprochement des molécules suffisant, l'attraction mutuelle l'emporte sur l'expansibilité : il y aura liquéfaction.

Ces considérations nous amènent à définir la *tempéra-*

ture critique d'un gaz : c'est la température limite au-dessous de laquelle la liquéfaction est possible, au-dessus de laquelle elle devient impossible, quelle que soit la pression exercée sur le gaz.

Elle est 31°,1 pour CO^2 ; — 118 pour O^2 ; — 146 pour H^2, etc.

Etude de l'état liquide. — 1° A une température et à une pression données, les liquides ont un volume déterminé ;

2° Les liquides sont peu compressibles et différemment compressibles ;

3° Sous l'influence des mêmes variations de température, des volumes égaux de liquides différents se dilatent d'une façon inégale.

Les propriétés des liquides ne sont pas colligatives : elles dépendent de la nature chimique des molécules ;

4° Les liquides n'ont pas de forme propre ; à chaque instant ils prennent celle qui est déterminée par l'ensemble des forces extérieures qui agissent sur eux. Les liquides sont d'ordinaire très mobiles ; on peut admettre des mouvements de translation et de rotation de leurs molécules, mais ces mouvements sont plus limités que dans les gaz. La force vive moléculaire des liquides est plus faible que celle des gaz. D'après ce qui a été dit à propos des gaz, on voit qu'un liquide est « un système moléculaire dans lequel la force vive moyenne des molécules ne peut vaincre l'attraction mutuelle de ces molécules : la cohésion l'emporte sur l'expansibilité ».

Toutes les molécules liquides ne possèdent pas la même force vive : certaines ont une force vive supérieure à celle qui correspond à l'état moyen ; ces molécules pourront vaincre l'attraction mutuelle, traverser la surface libre du liquide et se mouvoir librement dans l'espace situé au-dessus ; elles deviennent gazeuses. Le phénomène constitue l'*évaporation*.

Le nombre de molécules qui traverse ainsi la surface libre du liquide dépend de la température : ce nombre croît avec la température.

A. Si l'espace au dessus du liquide est infini, les molécules gazeuses s'éloignent en vertu de leur expansibilité. Le liquide se refroidit, car ce sont les molécules de plus grande force vive, c'est-à-dire de plus haute température qui s'éloignent.

Fournissons de la chaleur à ce liquide, pour que la température se maintienne constante ; les molécules liquides accroissent leur force vive et successivement deviennent gazeuses. Le liquide s'évapore complètement à température constante sous l'influence de la *chaleur latente de vaporisation* qu'on lui a fournie.

B. Supposons l'espace situé au-dessus du liquide, limité ; les molécules devenues gazeuses vont choquer les parois qui clôturent cet espace, se réfléchir et revenir vers la surface libre du liquide ; elles pénètrent à nouveau dans le liquide, pendant que d'autres molécules allant en sens inverse, sortent du liquide et se répandent dans l'espace libre.

L'équilibre est atteint quand le nombre des molécules sortant du liquide égale le nombre de celles qui y pénètrent ; à ce moment, la vapeur possède sa *tension maxima* pour la température du système.

MOLÉCULES LIQUIDES. — La particule physique qui constitue le liquide n'a pas toujours le poids correspondant au poids moléculaire des chimistes; elle peut résulter de l'association, de la polymérisation d'un certain nombre de molécules chimiques.

D'après les travaux de MM. Raoult, Ramsay,

Schields, etc., il résulte que « la tendance associante appartient surtout aux molécules hydroxylées de poids peu considérable. L'eau, les alcools méthylique, éthylique, le glycol, la glycérine, l'acide formique, etc., rentrent dans cette catégorie. Pour la plupart des liquides organiques non hydroxylés : hydrocarbures, éthers, etc., la molécule est simple, surtout si l'on met hors cadre les termes inférieurs des séries homologues » (Reychler[1]).

Etude de l'état solide. — 1° A une température et sous une pression données, les solides ont un volume déterminé ;

2° Les solides ont une forme propre. Entre leurs molécules existent des liaisons plus serrées que dans les liquides : les solides ont, en général, une grande *cohésion*. La distance d'une molécule d'un corps solide à un point fixe varie d'une quantité négligeable; les mouvements moléculaires sont très faibles; on peut dire pratiquement que la position réciproque des particules solides reste invariable. Pour modifier cette position réciproque, il faut dépenser de l'énergie sous la forme de travail : traction, compression, etc., de chaleur : dilatation, etc.

Le nombre, la nature des molécules importent dans les solides ; mais de plus, la forme même de ces molécules paraît agir dans les actions réciproques : dans les corps *anisotropes*, à des directions différentes correspondent des propriétés différentes.

Les solides amorphes ont leurs molécules groupées de

[1] Reychler, *Les théories physico-chimiques*, Paris, 1897.

façon quelconque comme cela a lieu dans les liquides et dans les gaz.

Dans les corps cristallisés, la forme même des molécules amène une orientation régulière de ces molécules sous la forme de cristaux géométriquement définis. Une substance chimique peut affecter des formes cristallines différentes : ce sont les *états allotropiques ;* leurs propriétés diffèrent.

La mobilité caractérise les liquides ; il faut savoir qu'il existe à ce point de vue des transitions entre les solides et les liquides.

L'éther est très fluide ; le verre est solide ; entre les deux se trouve la poix : elle joue le plus souvent le rôle de corps solide, cependant elle peut à la longue s'étaler, couler, épouser la forme des vases qui la contiennent, se conduisant ainsi comme un vrai liquide.

Une tige de verre soutenue par les deux bouts s'incurve à la longue obéissant ainsi à la pesanteur. Ce qui distingue au fond les solides des liquides, c'est la vitesse avec laquelle ils répondent aux actions faibles qui les sollicitent : un liquide y répond vite, un solide y répond lentement. La différence tient à la facilité plus ou moins grande avec laquelle les molécules se déplacent les unes par rapport aux autres. La différence dépend de ce que l'on nomme *frottement interne*[1]. Les changements de forme, même les simples mouvements moléculaires sans changement de forme exigent un certain travail destiné à vaincre ce frottement. Le frottement interne augmente de l'éther à la poix jusqu'au verre : dans le solide il est maximum.

[1] Le coefficient de frottement interne représente le travail nécessaire pour déplacer en une seconde deux surfaces planes du corps de 1 centimètre carré, parallèlement à elles-mêmes d'une longueur de 1 centimètre ; ce coefficient diminue quand la température s'élève.

La molécule physique des solides, le poids moléculaire des corps à l'état solide sont inconnus. La seule chose que l'on puisse avancer avec certitude, c'est que les molécules des solides sont très complexes.

Changements d'état. — Un corps solide qui devient liquide absorbe de la chaleur : *chaleur de fusion*. Si le liquide devient vapeur, il absorbe de la chaleur : *chaleur de vaporisation*. Quand le changement d'état s'opère à température constante, la quantité de chaleur mise en jeu est emmagasinée par le corps sous la forme d'énergies diverses.

Une portion de cette chaleur représente le travail mécanique interne nécessité par le déplacement relatif des molécules. Une autre a pour but de modifier la vitesse des molécules et sans doute des atomes. Il faut avouer qu'en réalité on n'a pas de données bien précises sur ces diverses modifications.

Lorsque le corps subit des transformations inverses, il libère la chaleur qu'il avait absorbée dans le premier changement d'état.

De la dissolution. — Soit un corps solide placé au contact d'une certaine quantité d'un liquide qui le mouille; on peut observer ce qui suit : 1° Le solide n'est pas modifié sensiblement ; 2° le solide est modifié Ces modifications peuvent varier :

a) Du liquide, pénètre dans la masse solide qui garde son apparence, tout en augmentant de volume : on dit qu'il y a eu *imbibition*. Les tissus organiques, la graisse exceptée, se conduisent ainsi : ils s'imprègnent de liquide, ils *s'imbibent*.

b) Le solide se désagrège en particules plus ou moins ténues, mais visibles, qui se répartissent dans le sein du liquide ; on a une sorte de *suspension* constituée par un mélange d'une certaine quantité de liquide pur avec les particules solides préalablement imbibées de liquide.

c) Enfin, le solide est davantage modifié ; il disparaît, il *fond* complètement dans le liquide : on obtient un liquide limpide, homogène, c'est une dissolution.

Ainsi, c'est par la transparence parfaite du liquide que nous reconnaissons la dissolution de la suspension. Mais à quoi tiennent les transparences différentes ? A la grosseur des particules qu'a fournies le solide placé dans le fluide.

Entre le cas *b*, où les particules sont visibles à l'œil nu ou au microscope, et le cas *c*, où ces particules sont complètement invisibles, il peut y avoir tous les intermédiaires ; on passerait ainsi par des degrés insensibles de la suspension à la dissolution parfaite. L'expérience suivante, facile à réaliser, montre que l'on peut, par une méthode optique, déceler des particules trop fines pour être vues, même au microscope.

A de l'eau, ajoutons quelques gouttes d'une dissolution alcoolique de mastic ; nous obtenons ainsi un liquide homogène, limpide, légèrement bleu quand on l'observe par réflexion, rougeâtre par transmission. Le plus puissant microscope ne montre aucune particule dans ce liquide, mais la « vision intellectuelle » (Tyndall) va nous déceler les particules du mastic. Quelle est la cause de la coloration observée ?

La lumière blanche est formée d'une infinité de rayons, de *radiations* de couleur distincte. Ces radiations diffèrent par leur longueur d'onde λ ; les longueurs d'onde décroissent du rouge au violet. Soit une radiation simple, une *onde* qui chemine; elle rencontre un obstacle; si les dimensions de l'obstacle sont supérieures à la longueur de l'onde qui arrive, cette onde est arrêtée par l'obstacle : elle est refléchie. Mais si les dimensions de l'obstacle sont plus petites que la longueur d'onde, cette onde continue sa marche en avant conservant ses propriétés *à peu près* intactes.

Considérons à présent un faisceau de lumière blanche : il est formé d'une infinité d'ondes lumineuses, rouges, vertes, etc. de longueurs différentes. Exemples : λ rouge $=0^{\mu}687$; λ jaune (D) $=0^{\mu}588$; λ bleu (F) $=0^{\mu}484$; λ violet (H) $=0^{\mu}392$, etc.

Ce faisceau rencontre des particules de dimensions un peu supérieures à λ bleu. Les ondes lumineuses de longueurs λ inférieures à cette quantité sont arrêtées, réfléchies; les autres continuent leur marche. Les particules ont opéré une sorte de triage des ondes, des couleurs; ce qui passe est la couleur totale (blanc) diminuée des couleurs réfléchies (violet bleu... = teinte bleue), c'est une teinte rougeâtre. La teinte bleue vue par réflexion résulte de la somme des couleurs réfléchies[1].

Ces considérations montrent que la couleur de la lumière réfléchie donne une idée des dimensions particulaires des corps existant dans un liquide, et en général dans un fluide [2].

Ajoutons au liquide de nouvelles quantités de mastic; la coloration tend vers le blanc laiteux — les particules de mastic ont augmenté de taille; elles arrêtent des ondes de longueur supérieure λ bleu, et la somme des couleurs réfléchies tend vers le blanc. Les particules sont toujours invisibles. Si elles s'accroissent encore, elles deviennent visibles au microscope, présentent le *mouvement brownien*[3], puis plus tard elles sont

[1] La lumière réfléchie est polarisée.

[2] La teinte bleue du ciel de certaines eaux est due à de fines particules, liquides ou solides, existant dans ces fluides. La dissolution de glycogène présente aussi cette apparence.

[3] G. Gouy, *Annales physique et chimie* (1888).
Maltézos, *Journal de physique*, 1896, t. V, p. 144, 228.

vues à l'œil nu — on a une suspension : les particules suspendues tombent plus ou moins vite.

Pour Ostwald[1], les dissolutions « sont des mélanges homogènes[2] dans lesquels il est impossible de séparer les composants par des moyens mécaniques ». D'après cette définition générale ,un mélange de gaz serait une dissolution des gaz l'un dans l'autre.

Considérons seulement les dissolutions fournies par les liquides.

Dissolutions des liquides entre eux. — Les liquides peuvent, à ce point de vue se diviser en plusieurs catégories : 1° Les uns se mélangent entre eux en toutes proportions ; 2° d'autres se mélangent en proportions finies ; 3° les derniers ne paraissent pas se dissoudre ; « cependant on peut douter que l'action soit rigoureusement nulle ». Mais ces groupes ne sont pas très nettement distincts ; ainsi des liquides à une certaine température se dissolvent en toutes proportions, alors qu'ils ne se dissolvent que peu à une autre température.

Dissolutions des gaz dans les liquides. — 1° Certains liquides, le mercure par exemple, dissolvent fort peu de gaz ; pratiquement, on peut dire que les gaz ne sont pas solubles dans tous les liquides ;

2° La dissolution dépend du gaz et du liquide.

[1] Voir *Abrégé de chimie générale* (traduct. Charpy).

[2] L'homogénéité est relative ; elle est entretenue par des brassages mécaniques ou calorifiques. MM. Gouy et Chaperon ont démontré que les couches profondes d'une dissolution se concentrent sous l'action de la pesanteur (*Annales de physique et chimie* (6), t. XII, 1887).

3° A une température donnée, le poids de gaz dissous est proportionnel à la pression exercée sur le liquide par le gaz en excès à la fin de l'opération (Dalton). La dissolution du gaz se fait d'autant plus rapidement que la surface de contact entre le gaz et le liquide est plus étendue.

4° Quand la température croît, le poids du gaz dissous par le même volume de liquide diminue.

5° Le volume de la dissolution est supérieur au volume du dissolvant; la densité de la dissolution diffère de celle du dissolvant.

6° Un mélange de gaz étant au contact d'un liquide, chacun des gaz se conduit comme s'il était seul: il se dissout sous la pression partielle qu'il possède dans le mélange à la fin de l'expérience.

Dissolutions des solides dans les liquides. — 1° La solubilité dépend de la nature du solide et de celle du liquide.

2° Le coefficient de solubilité d'un corps représente le poids de ce corps qui est dissous *(a)* dans 100 grammes du dissolvant ou bien *(b)* dans 100 grammes de dissolution (Etard).

Le coefficient de solubilité *(a)* croît en général avec la température. Il y a des exceptions; certains corps se dissolvent mieux à froid qu'à chaud, tels: quelques sels de calcium, le sucrate, l'hydrate, l'isobutyrate, etc...

3° Une substance chimique peut affecter des états de condensation, d'hydratation variés; chaque modalité constitue au point de vue physique un corps distinct: chacune se dissout à sa façon, souvent avec un coefficient de solubilité propre. Pour qu'il n'y ait pas d'ambiguité, on doit clairement désigner la modification que l'on envisage.

Exemple : le sulfate de calcium anhydre est davantage soluble dans H^2O que le sulfate hydraté ou gypse ; on ne parlera pas de la solubilité du sel: sulfate de calcium, mais bien de celle du sel anhydre ou du sel hydraté.

L'étude des courbes de solubilité en fonction de la température montre par les accidents de ces courbes, les changements éprouvés dans son état d'hydratation par la substance dissoute.

Mécanisme de la dissolution. — Un solide placé dans un liquide est sollicité par des actions nouvelles: celles qui prennent naissance entre les molécules hétérogènes, solides et liquides. Il résulte d'ordinaire un nouvel état d'équilibre. Si le solide reste intact, la cohésion est la plus forte. Le solide se désagrège quand la cohésion est vaincue par les actions attractives des molécules hétérogènes : il y a *dissolution*. De ce fait résulte un mouvement des particules du solide; le mouvement s'accentue, les particules s'éloignent, la cohésion diminue de plus en plus, de nouvelles molécules liquides viennent s'interposer entre les parties solides ainsi séparées. Chaque particule solide devient un centre d'attraction pour les molécules liquides qui se rangent dans sa *sphère d'activité*. Les molécules dissoutes s'arrangent de telle sorte que ces sphères d'action deviennent indépendantes.

M. Guillaume envisage les choses de la façon suivante [1] : trois résultats sont possibles.

[1] Guillaume, Sur la théorie des dissolutions (*Journal de Physique*, t. IX, p. 93, 1890).

1° Pour une certaine concentration qu'il nomme *concentration critique*, toutes les molécules dissoutes ne renferment dans leur sphère d'activité que des molécules dissolvantes. Ces sphères sont tangentes entre elles; les molécules dissoutes sont à une distance $2r$, r étant le rayon d'activité moléculaire.

2° Si la concentration est plus grande, les molécules dissoutes sont plus rapprochées : leur distance est inférieure à $2r$; il y a « pénétration mutuelle et égale des sphères d'attraction » (Reychler). Certaines molécules dissolvantes sont en même temps soumises à l'action de plusieurs molécules dissoutes.

3° La concentration est inférieure à la concentration critique, les sphères sont plus ou moins éloignées les unes des autres.

Par suite, certaines molécules dissolvantes sont à un instant donné soustraites aux actions du corps dissous ; les molécules dissoutes n'exercent pas à la fois leur action sur toutes les molécules dissolvantes.

Une telle dissolution peut être envisagée comme un mélange en proportions convenables de la dissolution à concentration critique et du dissolvant pur.

Ces trois types de dissolutions doivent avoir des propriétés particulières pouvant dépendre du nombre, de l'arrangement relatif des molécules hétérogènes. « De part et d'autre de la concentration critique, la nature de la dissolution est différente ; au-dessus, toutes les propriétés doivent varier proportionnellement à la concentration ; au-dessous, la loi de variation peut ne pas être la même. Si l'on pouvait déterminer exactement les points où les propriétés des dissolutions cessent d'être rigoureusement proportionnelles à la concentration, on aurait une relation numérique entre la grandeur des molécules et le rayon de leur sphère d'activité » (Guillaume).

Les molécules dissolvantes subissent des actions différentes dans ces trois types de dissolutions : dans le 1er cas, une molécule dissolvante est soumise à l'action d'une seule molécule dissoute ; dans le 2e cas, une molécule dissolvante est sous la dépendance de plusieurs molécules dissoutes ; enfin, dans le 3e cas, toutes les molécules dissolvantes ne sont pas à la fois intéressées par les molécules dissoutes. Par suite, les propriétés du dissolvant doivent changer dans ces trois cas types.

Les propriétés d'une dissolution dépendent de deux variables : le dissolvant et le corps dissous. Quand on veut comparer des dissolutions de substances différentes obtenues avec un même dissolvant, il faut rechercher et comparer les propriétés de l'élément commun : le dissolvant [1]. L'étude des propriétés du dissolvant dans une dissolution peut renseigner sur l'état du corps dissous dans le liquide.

Phénomènes accompagnant la dissolution. — 1° Il y a production d'un phénomène thermique ; il mesure la somme des travaux physiques et chimiques accomplis (Berthelot).

Les gaz en se dissolvant dégagent en général de la chaleur. Les solides absorbent de la chaleur le plus souvent.

Une dissolution étant faite, on la dilue par addition de dissolvant ; un phénomène thermique se produit ; il met en jeu la *chaleur de dilution*. A partir d'une certaine dilution, l'addition d'une nouvelle quantité de dissolvant ne met aucune quantité de chaleur en jeu : la chaleur de dilution devient nulle (Bouty).

[1] Charpy, Solutions salines (voir *Ann. phys. chim.*, 1893).

2° Le volume de la dissolution n'est pas égal à la somme des volumes composants ; il y a d'ordinaire une *contraction*. Soit une dissolution, on lui ajoute l'unité de volume du dissolvant pur. Le volume de la dissolution augmente d'une quantité k inférieure à l'unité de volume. k est le coefficient de contraction (Gouy et Chaperon [1]).

Ce coefficient varie avec les corps dissous ; pour un même corps, il varie avec la température et avec la concentration (Charpy [2]).

[1] Gouy et Chaperon, *Annales de phys. et chim.*(6), t. XII, 1887.
[2] Charpy, *loc. cit.*

CHAPITRE II

§ I. Congélation des dissolutions. — Cryoscopie.

Historique. — Les premières recherches sur la congélation des dissolutions datent du siècle dernier. A la suite de ses travaux sur les dissolutions salines aqueuses, Blagden, en 1788, arrive à ces conclusions : 1° l'abaissement C de congélation d'une dissolution est proportionnel au poids P de sel dissous dans un poids fixe d'eau, $\frac{C}{P}$ = Constante ; 2° l'abaissement est maximum quand la dissolution est saturée.

Ce travail remarquable pour l'époque tombe dans l'oubli ; vers 1840, les recherches continuent avec : Despretz (1840), Dufour (1860), Rossetti (1869), Rüdorff (1869), de Coppet (1872), etc. Rüdorff retrouve la loi de Blagden ; il remarque qu'elle s'applique aux dissolutions étendues et non pas aux dissolutions concentrées : il conclut de cela que la nature du sel dissous varie avec la concentration.

Le même auteur prouve que c'est de la glace pure qui apparaît dans la congélation des dissolutions étendues : il n'y a jamais de cristaux de sel mélangés à la glace, comme le croyait Dufour. En 1895, M. Ponsot prouve qu'avec les dissolutions très concentrées, la partie solidifiée est un mélange de glace et de cristaux de sel plus ou moins hydraté et non pas un cryohydrate, combinaison du sel avec toute l'eau, comme le pensait Guthrie (1875).

En 1871, de Coppet compare les substances salines d'un même

groupe ; il fait cette remarque : les substances salines analogues dissoutes dans l'eau produisent le même abaissement moléculaire $\left(\frac{C}{P} M\right)$ du point de congélation ; ce qui peut aussi s'exprimer ainsi : les dissolutions équimoléculaires de sels d'un même groupe chimique ont même température de congélation.

M. Raoult donne une extension considérable à l'étude de la congélation des dissolutions ; à cette étude, il donne un nom qu'il crée : cryoscopie de χρυός, glace — σκοπέω.

Ses recherches commencées avant 1878 (*C. R.*, 22 juillet 1878), continuent en 1897 (*C. R.*).

On peut diviser en deux périodes les recherches modernes de cryoscopie. Dans la première période, qui se termine en 1886, M. Raoult étudie les dissolutions d'un grand nombre de corps dans un grand nombre de dissolvants; il découvre des lois générales importantes ; la question lui paraît élucidée.

A la suite du retentissant mémoire de Van t'Hoff *Sur les lois de l'équilibre chimique dans l'état gazeux ou dissous* [1], la deuxième période commence. Les recherches cryoscopiques sont reprises à l'étranger, en Allemagne particulièrement. A partir de 1892, M. Raoult s'occupe de cryoscopie de précision. L'ancienne méthode ne donnait qu'une approximation de $\frac{1}{100}$ ou $\frac{1}{50}$ de degré dans la détermination du point de congélation ; c'était suffisant pour l'époque, mais [2] « il n'en est plus de même aujourd'hui que les renseignements demandés à la cryoscopie sont chaque jour plus nombreux et plus précis : détermination des poids moléculaires des corps qui ne produisent qu'un très faible retard dans le point de congétation de l'eau ; mesure exacte des points de congélation des eaux minérales, liquides alimentaires, sécrétions ; vérification expérimentale de certaines vues théoriques et particulièrement des idées si remarquables de M. Arrhénius sur la constitution des dissolutions aqueuses extrêmement diluées ». M. Raoult modifie

[1] *Archives néerlandaises*, 1885.

[2] *Compte rendu de l'Académie des sciences*, 1892.

son appareil, son mode opératoire; il fait de nouvelles déterminations sur la congélation des dissolutions aqueuses de diverses concentrations.

M. Ponsot (1896) présente sa thèse de doctorat ès sciences sur la « Congélation des solutions aqueuses étendues »; il fait connaître une méthode nouvelle de cryoscopie, méthode impeccable par certains côtés; incorrecte par d'autres (Raoult); mais en tout cas compliquée en tant qu'appareil. M. Ponsot, au moyen de sa méthode, trouve des résultats souvent très différents de ceux de M. Raoult et des autres auteurs : il en donne des raisons.

Une savante polémique s'engage entre MM. Raoult et Ponsot (*C. R.*). Il en résulte ceci : M. Raoult étudie minutieusement, par l'expérience, les causes d'erreur qui se présentent dans de pareilles recherches; il les corrige. Il publie de nouveaux résultats qui diffèrent des anciens, surtout pour les dissolutions étendues: ce que voulait M. Ponsot. Cependant ces auteurs ne peuvent s'entendre sur l'état des corps dans les dissolutions très étendues. M. Raoult accepte les idées d'Arrhénius sur la dissociation électrolytique de certains corps dans l'eau; M. Ponsot rejette cette hypothèse en s'appuyant sur ses recherches propres.

Dans un récent mémoire sur la *Cryoscopie de précision*, M. Raoult expose longuement sa méthode, les causes d'erreur qu'elle comporte, les corrections à faire, les précautions à prendre. Nous renvoyons à ce mémoire ceux qui veulent s'occuper de recherches cryoscopiques.

Bibliographie :

1883. Congélation des solutions aqueuses des substances organiques (*Ann. phys. chim.* (5), t. XXVIII, p. 133).

1884. Loi générale de congél. des dissol., p. 97 ; Congél. des acides, alcalis (*Annales phy. chim.* (6), t. II, p. 66).

1885. Congél. des sol. salines (*Ann. P. Ch.* (6), t. IV, p. 401).

1886. Congélation des solutions; Abaissement du point de congélation des mélanges (*Ann. P. Ch.* (6), t. VIII, p. 320).

1886. Raoult, Température de congélation des dissolutions (*Revue scient.*, p. 673. (Conférence.)

1894. Raoult, Cryoscopie et Ébullioscopie ; Poids moléculaires *(Rev. scient.)* (Conférence).

— Congélation des solutions aqueuses (index bibliographique) (thèse de Ponsot, sciences, Paris, 1896).

— Raoult-Ponsot, Comptes rendus Académie, 1892-97.

1898. Raoult, Cryoscopie de précision *(Annales de l'université de Grenoble)* et *Ann. P. Ch.* (index bibl., 1892-97).

Définitions. — I. Quand on refroidit convenablement un liquide pur de composition parfaitement définie, des parties solides apparaissent dans la masse ; à ce moment, le liquide est à la température de congélation T_0. Le point de congélation, de solidification, se confond avec le point de fusion que l'on trouve en chauffant le corps préalablement solidifié.

Si l'on fait varier la pression, la théorie indique et l'expérience montre que le point de congélation varie. Il faut donc définir la température de congélation en indiquant la pression qui s'exerce sur le liquide.

II. En opérant avec précaution, on peut faire que le corps conserve son état liquide à une température T_1, plus basse que T_0 ; dans ce cas, il est en *surfusion*. La différence $T_0 - T_1 = S$ constitue le *degré de surfusion*.

La surfusion peut cesser d'elle-même ; on la fait cesser facilement en introduisant dans le liquide surfondu une parcelle du corps préalablement solidifié ; des paillettes solides apparaissent alors, pendant qu'une certaine quantité de chaleur est libérée. De cette chaleur on peut faire trois parts : une première portion est rayonnée ; la deuxième échauffe le récipient qui renferme le liquide, la dernière enfin est utilisée pour élever la température de la masse surfondue. Si le liquide était calorifiquement isolé, toute la chaleur servirait à élever sa température, on obtiendrait une température maximum, la température T_0 de congélation plus haut définie. En réalité, cet isolement n'est jamais complètement réalisé ; on peut s'en rapprocher en réduisant le rayonnement au minimum et diminuant la masse du récipient.

III. *Tout corps en se dissolvant dans un liquide défini capable de se solidifier en abaisse le point de congélation* (Raoult).

Cette loi est absolument générale ; elle s'applique aux métaux en fusion. Les exceptions s'expliquent ainsi : le corps dissous est devenu insoluble au moment de la solidification ; c'est en particulier ce qui a lieu pour la dissolution d'antimoine dans l'étain.

Soient θ_L, θ_s les températures de congélation du liquide pur et de la dissolution. La différence θ_L-θ_s constitue l'abaissement du point de congélation. On le représente par les symboles C ou Δ (ce dernier souvent employé dans les travaux de biologie).

IV. Quand on refroidit un liquide impur — et une dissolution est un liquide impur — la première portion de la masse qui se solidifie est constituée par du liquide pur.

Du fait de la solidification d'une partie du liquide pur, la concentration de la dissolution augmente ; son point de congélation s'abaisse au fur et à mesure que la solidification progresse.

Inversement, si l'on chauffe un pareil système préalablement solidifié, la fusion se produit peu à peu, la température s'élève graduellement du commencement à la fin de l'opération.

De ces propriétés, M. Raoult tire des règles pour la recherche de la pureté des corps.

a) Un corps liquide est pur, quand sa température reste invariable pendant toute la durée de la solidification. Si ce liquide est impur, la température s'abaisse du début à la fin de la congélation.

b) De deux échantillons d'un même corps, le plus pur est celui dont la solidification commence à la température la plus élevée.

Ce qui précède montre qu'il faut nettement définir ce que l'on entend par point de congélation d'une dissolution. Pour M. Raoult, la température de congélation d'une dissolution est la température où *commence* la solidification ; elle seule est fixe.

Les variations de la pression exercée sur le liquide amènent des variations de la température de congélation d'une dissolution. « Le point de congélation d'une dissolution est la température à laquelle la glace formée est en équilibre de fusion avec la dissolution sous une pression donnée. » (Ponsot.)

Pratiquement, on observe les points de congélation de l'eau et des dissolutions sous la pression atmosphérique.

MÉTHODE USUELLE. — Toutes les méthodes usuelles de détermination des points de congélation dérivent de celle de Rüdorff. En voici le principe :

Une enceinte a une température inférieure à celle du point de congélation du liquide étudié. Dans cette enceinte, on introduit l'éprouvette cryoscopique renfermant le liquide.

Le liquide a été refroidi préalablement ; sinon il se refroidit dans l'enceinte ; on l'agite continuellement. Quand il possède un degré convenable de surfusion S, on jette dans sa masse une parcelle de glace, tout en continuant l'agitation. La surfusion cesse, de la glace apparaît ; la température du liquide monte, passe par un maximum t_1 reste quelques instants stationnaire et baisse ensuite. t_1 est la température apparente de congélation de la partie restée liquide.

Analysons le phénomène : Quand la surfusion cesse, de la glace apparaît en quantité grandissante pendant quelques instants. Il en résulte que : 1° La concentration de la solution augmente ; 2° la température du système monte.

La température s'élève, car une certaine quantité de chaleur, chaleur de solidification du liquide, est rendue libre, et, de plus, l'agitation dégage de la chaleur.

Mais le système est dans le réfrigérant à température plus basse: il y a un rayonnement dont l'intensité croît avec l'élévation de température du liquide cryoscopé.

A un moment donné, la chaleur fournie par la formation de la glace et l'agitation cesse d'être supérieure à la chaleur enlevée par le rayonnement. A ce moment, la vitesse de réchauffement, comme dit M. Raoult, égale la vitesse de refroidissement.

On constate le maximum de température t_1.

« Puis la chaleur enlevée par le milieu extérieur devient supérieure à celle produite par les deux causes citées : agitation, cristallisation de l'eau; la température s'abaisse, la surfusion existant toujours » (Ponsot). Avec le temps, elle devient voisine de celle du milieu extérieur , un régime permanent peut s'établir, la chaleur perdue par rayonnement compensant la chaleur donnée par l'agitation.

La température observée t_1 est en général différente de la véritable température de congélation t_0, tous les auteurs l'admettent. L'écart t_0-t_1 entre les températures vraie et observée s'appelle *affaissement* du point de congélation.

MM. Raoult, Ponsot, etc., ont remarqué que cet affaissement dépend de la surfusion, de l'agitation, de la température de l'enceinte. Il est d'autant plus faible que l'agitation est plus forte, la surfusion plus grande, et le rayonnement vers l'enceinte moins intense.

Pour obtenir le véritable point de congélation t_0, il faut déterminer toutes les causes qui provoquent l'affaissement t_0-t_1, et *(a)* les supprimer toutes pour mesurer directement t_0 vrai ; *(b)* évaluer l'effet de ces causes, ajouter à t_1 observé le terme de correction ainsi déterminé. Mais, en principe, il vaut mieux éviter que corriger les erreurs ; en pratique, on les rend minimum, et on fait une petite correction ; on cherche ensuite avec quel degré de précision t_0[1] est obtenu.

Résultats des recherches cryoscopiques. — I. Une dissolution renfermant P grammes de corps supposé anhydre dans 100 grammes de dissolvant se congèle à T_1. Le dissolvant pur se congèle à T_0. L'abaissement du point de congélation est $T_1 - T_0 = C$.

Rapportons l'effet observé au corps dissous; supposons que toutes ses particules ont la même action. Si P grammes donne l'abaissement C, 1 gram. e dans les 100 grammes de dissolvant produit l'abaisseme: t $\frac{C}{P} = A$.

A est le *coefficient d'abaissement*.

II. Une molécule de la substance dissoute produirait dans ces conditions l'*abaissement moléculaire* $K = \frac{C}{P}.M$. M étant le poids moléculaire du corps dissous.

III. Soit M_1, le poids moléculaire du dissolvant — 100 grammes de ce dissolvant représentent $\frac{100}{M}$ molécules.

[1] Pour la technique, voir mémoire *Cryoscopie de précision*.

$\frac{C.M}{P}$ est l'abaissement moléculaire produit par 1 molécule de corps dissous dans 100 grammes ou $\frac{100}{M_1}$ molécules de dissolvant *L'abaissement produit par 1 molécule de corps dissous dans 100 molécules de dissolvant* serait, d'après cela : $\frac{\frac{C}{P} M}{100} \times \frac{100}{M_1} = \frac{C}{P} \cdot \frac{M}{M_1} = T.$

Les quantités $\frac{C}{P} = A$; $\frac{C}{P} M = K$; $\frac{C}{P} \frac{M}{M_1} = T$, subiront les mêmes fluctuations M, M_1 étant des constantes.

IV. Ayons une dissolution de la même substance dans le même dissolvant, mais renfermant P_1 grammes pour 100 grammes. Supposons $P_1 > P$. L'abaissement C_1 de cette dissolution sera plus grand que l'abaissement C de la dissolution moins concentrée.

Le coefficient d'abaissement sera $A_1 = \frac{C_1}{P_1}$.

L'abaissement moléculaire, dans cette dissolution deviendra $K_1 = \frac{C_1}{P_1} M$ par rapport à 100 grammes de dissolvant $T_1 = \frac{C_1}{P_1} \cdot \frac{M}{M^1}$ pour 100 molécules dissolvantes.

Loi de Blagden. — Blagden prétend qu'*il y a proportionnalité entre l'abaissement du point de congélation et la concentration de la dissolution*. Cela revient à dire que l'on a : $\frac{C}{P} = \frac{C_1}{P_1}$, ou $A = A_1 =$ Constante, ou $K = K_1 =$ Constante.

$T = T_1 =$ Constante.

M. Raoult traduit ses résultats par des courbes. En abscisses, on porte les abaissements C, C_1, ou bien les concentrations : P, P_1. En ordonnées, on place les coefficients d'abaissement A, A_1, ou bien les abaissements moléculaires K, K_1, ou T, T_1, qui leur sont proportionnels. On obtient ainsi des courbes : courbes des coefficients d'abaissement, courbes des abaissements moléculaires en fonction des abaissements observés, ou en fonction de la concentration.

L'examen de ces courbes montre ceci :

1° Les substances qui ne sont pas des électrolytes donnent sensiblement des droites plus ou moins inclinées sur l'axe des abscisses[1];

2° Les dissolutions salines aqueuses montrent des courbes ressemblant vaguement à des arcs d'hyperbole tournant leur convexité du côté des abscisses. Ces courbes sont formées de deux parties : l'une curviligne, la deuxième rectiligne, qui correspond à des abaissements de 0°5 à 4° environ (ou à des concentrations de 0,25 à 1 molécule par litre de dissolution).

La loi de Blagden serait exacte si l'on avait $A = A_1$, c'est-à-dire si la courbe se réduisait à une droite parallèle aux abscisses. Or, cela n'est pas, donc, *apparemment*, la loi de Blagden n'est pas rigoureusement exacte. M. Raoult considère la portion rectiligne de ses courbes ; les ordonnées des différents points de ces droites s'accroissent régulièrement, proportionnellement à la valeur des abscisses correspondantes, c'est-à-dire à la concentration. Les ordonnées représentant les va-

[1] Ainsi qu'il résulte des récentes recherches de M. Raoult.

leurs du coefficient d'abaissement $A = \frac{C}{P}$, M. Raoult peut ainsi modifier la loi de Blagden. « *Pour toutes les dissolutions étendues de même nature, la variation du rapport* $\frac{C}{P}$ *est proportionnelle à la concentration* P *ou à l'abaissement* C, *ce qui s'exprime ainsi* : $\frac{C}{P} = 0$ $b + a\,P$[1] ».

Pour $P = 0$, dissolution infiniment diluée, $a\ P = 0$. Il reste $\frac{C}{P} = b$. b est l'ordonnée de la droite à l'origine, le point où les $\frac{c}{P}$ rencontrent l'axe des ordonnées. Comment interpréter les variations du coefficient d'abaissement ? On peut émettre cette hypothèse : le retard dans la congélation du dissolvant est sous la dépendance des particules physiques dissoutes ; ce retard est proportionnel au nombre de particules contenues dans un même poids de dissolvant.

Ce qui importe ce sont les molécules existant dans la dissolution. Si l'on rapportait les résultats à ces molécules, on trouverait $\frac{C}{P}$ constant, mais en réalité on les rapporte aux molécules introduites, lesquelles ont pu se transformer : le coefficient $\frac{C}{P}$ varie, et cela ne doit pas étonner. Les courbes expérimentales sont des courbes d'*abaissements bruts, apparents*.

[1] *Annales Physique et Chimie*, 1890, p. 329.

Quand on dissout un corps :

1° Les molécules chimiques du corps sont parfaitement séparées ; la loi de Blagden est exacte $\frac{C}{P} = A =$ Const.

La courbe des coefficients d'abaissement est une droite parallèle aux abscisses.

2° Les molécules du corps dissous entrent en combinaison avec un certain nombre de molécules du liquide : par exemple les P gr. introduits dans 100 gr. de solvant se soudent à p gr. de ce liquide. On a une combinaison de poids $(P + p)$ dissoute dans $(100 - p)$ de dissolvant. La solution a ainsi une concentration supérieure à celle que l'on croyait obtenir, puisque P existe dans $100-p$ de liquide pur. Par suite, on obtient un coefficient d'abaissement apparent $\frac{C}{P}$ trop élevé : la courbe s'écarte des abscisses.

3° Les molécules chimiques peuvent ne pas être séparées complètement : la particule physique dissoute est formée de la réunion de plusieurs molécules chimiques. Chaque agrégat agit comme une molécule ordinaire. Et dans ce cas, on doit observer un abaissement C plus petit que celui que donneraient toutes les molécules chimiques séparées. $\frac{C}{P}$ est trop faible, c'est le coefficient d'abaissement apparent. La droite se rapproche des abscisses.

M. Raoult admet cette façon de voir. Dans les dissolutions aqueuses très diluées, les substances salines sont dissociées, le nombre de particules physiques actives augmente ; le coefficient A a une grande valeur. La dilution diminuant, les particules séparées se rassemblent, le nombre d'éléments actifs diminue, le coefficient A diminue. A partir d'une certaine concentration, il n'y a plus de dissociation, la ligne des coefficients d'abaissement devient une droite; cette droite affecte l'une des trois positions relatées ci-dessus, suivant que la substance est anhydre, combinée au dissolvant, ou condensée.

ABAISSEMENTS A L'ORIGINE. — M. Raoult suppose que dans la partie rectiligne des courbes, les corps dissous conservent la même constitution : hydratation, condensation. Il prolonge ces parties rectilignes des courbes jusqu'à l'axe des ordonnées. L'ordonnée du point d'intersection représente « le coefficient d'abaissement ou l'abaissement moléculaire qu'aurait la substance en solution infiniment diluée, si elle conservait la même constitution, ou variait suivant les mêmes lois que dans la partie rectiligne ». Une telle ordonnée représente le coefficient d'abaissement *à l'origine*, ou l'abaissement moléculaire *à l'origine.*

Malgré que ces abaissements soient obtenus d'une « façon arbitraire[1] », ils sont cependant intéressants puisque, d'après M. Raoult, ils caractérisent les différentes substances dissoutes. Ce sont ces abaissements à l'origine que l'on a comparés pour l'obtention des lois ci-après énumérées.

Lois de Raoult. — D'expériences nombreuses faites sur plus de 250 composés de toute nature, il résulte :

I. *Dans tous les dissolvants autres que l'eau, les abais-*

[1] Ponsot, p. 107, *loc. cit.*

sements moléculaires de congélation (à l'origine), des corps en dissolution étendue se rapprochent de deux valeurs moyennes, variables suivant la nature du dissolvant, et dont l'une est double de l'autre.

L'abaissement le plus souvent observé est le plus grand; on le nomme *abaissement normal*. Sa valeur est la suivante :

Acide formique	29	Benzine . .	49	Phénol. . . .	74
— acétique.	39	Nitrobenzine.	70	Brom. d'éthylène	118

Les deux valeurs d'abaissements moléculaires s'expliquent, si l'on admet avec M. Raoult que le corps dissous est condensé, lorsqu'on observe la valeur la plus faible. Deux molécules chimiques sont condensées en une seule; ce complexe agit comme une simple molécule. Cette hypothèse acceptée, il y a une seule valeur d'abaissement.

DANS UN MÊME DISSOLVANT (QUI N'EST PAS L'EAU) TOUS LES CORPS DISSOUS PRODUISENT LE MÊME ABAISSEMENT MOLÉCULAIRE (à l'origine).

Par suite :

1° L'abaissement du point de congélation est une propriété *colligative:* il dépend du nombre, et non de la nature des molécules.

2° Dans un poids constant de dissolvant, toutes les molécules physiques produisent le même retard dans la congélation.

3° Les abaissements produits par des poids égaux de corps différents, sont en raison inverse de leurs poids moléculaires.

II. *Les abaissements moléculaires (à l'origine) obser-*

vés avec l'eau comme dissolvant se répartissent en plusieurs groupes.

A. Abaissement moléculaire voisin de 19 (18,5).
Toutes les substances organiques, sauf les ammoniums et l'acide oxalique.

B. Abaissements moléculaires voisins de 35.
Tous les sels des métaux monovalents à acides monobasiques. Na Cl, AzO^3Na, $C^2H^3O^2Na$, AzO^3AzH^4; HCl, AzO^3H; KOH, Na OH.

C. Abaissements moléculaires voisins de 40.
Les sels neutres des métaux bivalents à acides bibasiques. CO^3K^2; $SO^4(AzH^4)^2$; CrO^4K^2. SO^4H^2.

D. Abaissements moléculaires voisins de 17,
Sels des métaux divalents à acides bibasiques. SO^4Mg, CrO^4Mg.

E. Abaissements moléculaires voisins de 130.
Al^2Cl^6; $(AzO^3)^6Al^2$.

Des abaissements partiels. — Ces résultats peuvent se résumer : *L'abaissement moléculaire (à l'origine) d'un acide fort, d'une base forte ou d'un sel résultant de la combinaison d'un acide fort ou d'une base forte est égal à la somme des abaissements moléculaires partiels de ses* ions, *c'est-à-dire des radicaux électro-positifs et électro-négatifs dont la théorie électrolytique y suppose l'existence.*

Ces abaissements partiels ont été mesurés par M. Raoult.

Radicaux électro-positifs monoatomiques. 17
(Cl; OH; AzO^3)

Radicaux électro-positifs biatomiques. 9
(SO^4; CrO^4; CO^3)

Radicaux électro-négatifs monoatomiques. 16
(H; K; Az H^4)
Radicaux électro-négatifs biatomiques ou polyatomiques 8
(Ba; Mg; Zn; Al)

Les radicaux biatomiques ont un abaissement égal à la moitié de celui des monoatomiques.

Ce tableau permet de calculer l'abaissement moléculaire (à l'origine) des sels ; par exemple on a :

Abaissements moléculaires de

$$\begin{aligned} NaCl &= 16 + 19 = 35 \\ CrO^3K^2 &= 16 + 2 \times 19 = 41 \\ CaCl^2 &= 8 + 2 \times 19 = 46 \\ Al^2Cl^6 &= 2 + 8 + 6 \times 19 = 130 \end{aligned}$$

De tout ce qui précède il résulte que les sels en dissolution aqueuse agissent sur le point de congélation de l'eau comme si les ions étaient non pas combinés, mais libres ou du moins dans un état d'indépendance réciproque quant aux actions physiques qu'ils exercent sur le dissolvant.

Il faut remarquer que les autres substances organiques, même les éthers (dont la constitution cependant se rapproche de celle des sels) en dissolution aqueuse ne se conduisent pas de pareille façon; que de plus, les sels avec d'autres dissolvants que l'eau se conduisent comme les autres substances, donnant le même abaissement moléculaire. M. Raoult croit à une « constitution spéciale des sels dans l'eau ».

De la dissociation des corps dissous. — Les courbes d'abaissement de M. Raoult se relèvent à l'origine; la valeur du coefficient d'abaissement A, ou des abaissements moléculaires, K. T. augmente avec la dilution.

M. Raoult en conclut qu'il y a dissociation du corps dissous, augmentation du nombre des particules actives pour retarder la congélation.

M. Ponsot s'exprime ainsi dans sa thèse : « Les courbes de M. Raoult se relèvent trop à l'origine, cela résultant de la méthode employée. La dissociation n'est donc pas prouvée puisque, pour M. Raoult, c'est ce relèvement qui la prouve. »

Pour faire de pareilles recherches, on doit opérer sur des dissolutions aqueuses très étendues. Une faible erreur dans la mesure de la température entraîne une erreur considérable dans la détermination de A ou K. Il peut en résulter un relèvement de la courbe vers l'origine. La dissociation paraît exister ; elle n'est pas évidente.

M. Raoult, ayant grandement perfectionné sa méthode, entreprend de nouvelles recherches sur cette question ; il compte sur une approximation de 1/1000. Nous résumons ces recherches à cause de leur importance théorique.

A. CORPS NON ÉLECTROLYTES. — 1° *Cas du sucre de canne.* — Le tableau suivant résume les résultats :

P dissous dans 100 gr. H^2O	Abaissement C corrigé pour une surfusion S = 0	Abaissement moléculaire $K = \frac{C}{P} \times 342$
—	—	—
34,565	2,0897	20,79
17,292	0,9892	19,59
8,550	0,4806	19,22
4,2756	0,2372	18,97
2,2311	0,1230	18,85
0,9729	0,0532	18,70

Si l'on construit une courbe, la courbe des abaissements

moléculaires (ordonnées = K ; abscisses = C), on obtient une ligne sensiblement droite. Son équation est $\frac{C}{P} \times 342 = 18,72 + 0,99\,C$; elle est valable pour des abaissements compris entre 0°05 et 2°, et pour des concentrations de 1 à 34 pour 100.

L'abaissement à l'origine est 18,5 environ.

Il n'y a pas de relèvement de la courbe à l'origine.

2° *Cas de l'alcool éthylique.* — Voici les résultats :

P dissous dans 100 gr. H^2O	Abaissement C pour S = 0	Abaissement moléculaire $K = \frac{C}{P} \times 46$
5,014	1,9900	18,26
2,418	0,9643	18,34
1,195	0,4760	32
0,595	0,2367	29
0,301	0,1207	34
0,151	0,0600	28

La courbe des abaissements est une droite parallèle aux abscisses.

Son équation est $\frac{C}{P} \times 46 = 18°3$ entre C = 0° et C = 2°.

Il n'y a pas de relèvement à l'origine[1].

Remarque. — Bien plus, la courbe des abaissements moléculaires de l'alcool (et cela a lieu aussi pour le sucre) s'affaisse en se rapprochant de l'origine.

[1] Relèvement admis jusqu'à 1893.

« Si surprenant que ce fait paraisse, je crois que l'on aurait tort de le considérer *a priori* comme le résultat d'une erreur. Peut-être même est-il nécessaire à partir d'un certain état de dilution.

« Une molécule d'alcool, par exemple, au milieu d'un très grand nombre de molécules d'eau ne peut exercer simultanément sur chacune d'elles *l'influence mystérieuse qui doit retarder leur congélation.* Elle n'agit directement que sur un nombre limité de molécules comprises dans sa sphère d'action et ce n'est qu'en se déplaçan qu'elle peut agir sur les autres. Il existe donc dans le mélange un certain nombre de molécules d'eau qui restent pendant un certain temps, sans éprouver l'action de la molécule d'alcool et qui, par conséquent, ne subissent que partiellement la résistance que cette molécule devrait normalement opposer à leur congélation [1].

« Cette considération milite en faveur de l'affaissement des abaissements moléculaires en liqueur extrêmement diluée ; mais la démonstration du fait réclame, je crois, des recherches nouvelles. » (Raoult).

B. Corps électrolytes. — 1° *Cas du chlorure de sodium*, Na Cl.

P gr. dissous dans 100 gr. H^2O	Abaissement C pour S = 0	Abaiss. moléculaire $K = \frac{C}{P} \times 58{,}5$
5°,850	3°,4237	34°,23
2°,859	1°,6754	34°,28
1°,400	0°,8211	34°,31
0°,690	0°,4077	34°,56
0°,341	0°,2073	35°,56
0°,176	0°,1098	36°,43

Contrairement à ce qui arrivait pour les non-électrolytes, la courbe se relève fortement vers l'origine ; les

[1] Rapprocher cette remarque de ce qui est dit page 32.

abaissements moléculaires à partir de C = 0°,5 croissent rapidement quand la dilution augmente[1].

Les abaissements tendent vers une limite située entre 37,4 et 36,9 ; en moyenne 37,2. Chiffre à peu près double de 18,5; argument en faveur de la théorie de la dissociation; Na Cl donnerait 2 ions, chacun aurait la même activité partielle 18,5.

2° *Cas du chlorure de potassium*, K Cl.

P gr. dissous dans 100 gr. H^2O	Abaissement C pour S = 0	Abaiss. moléculaire $K = \frac{C}{P} \times 74,5$
7°,460	3°,2864	32°,82
3°,590	1°,6012	32°,24
1°,766	0°,7991	33°,72
0°,875	0°,4007	34°,12
0°,436	0°,2006	34°,62
0°,2171	0°,1031	35°,38
0°,1080	0°,0509	35°,11

Comme pour Na Cl, il y a relèvement de la courbe à l'origine.

L'abaissement à l'origine tend vers la moyenne 36,8 un peu inférieure à la limite 37,2 pour Na Cl.

Néanmoins il est évident que Na Cl, K Cl se conduisent de la même façon, leur courbe diffère essentiellement de celle de : alcool, sucre de canne. Ces faits paraissent confirmer les vues de M. Arrhenius : les abaissements moléculaires des électrolytes augmentent avec la dilution; il y a dissociation; les non-électrolytes ont des abaissements

[1] Ponsot trouve un relèvement moins rapide. Loomis, Nernst Abegg, Wilderman sont de l'avis de Raoult.

moléculaires qui n'augmentent pas par la dilution ; les non-électrolytes ne se dissocient pas.

II. Considérons l'abaissement $T = \frac{C}{P} \cdot \frac{M}{M^1}$ produit par 1 molécule dissoute dans 100 molécules de dissolvant.

Nous avons montré que cette quantité variait de la même manière que le coefficient d'abaissement A, et que l'abaissement moléculaire K.

Toutes ces courbes ont même allure; ce sont des courbes d'abaissements apparents. On les compare *à l'origine*.

Dissolvants organiques. — M. Raoult compare les résultats obtenus avec des corps qui donnent les abaissements moléculaires K normaux.

Soit 1 de ces corps dissous dans les liquides 1, 2, 3, etc., de poids moléculaires M'_1, M'_2; M'_3; etc. L'expérience prouve que l'on a les relations : $\frac{C_1}{P} \cdot \frac{M}{M'_1} = \frac{C_2}{P} \cdot \frac{M}{M'_2} = \frac{C_3}{P} \cdot \frac{M}{M'_3} =$ Constante 0°,58 à 0°,62. Cela est vérifié pour un grand nombre de corps. On en tire cette loi :

1 molécule d'une substance quelconque, dans 100 molécules d'un dissolvant quelconque de nature organique, détermine un abaissement du point de congélation toujours à peu près le même, voisin de 0°,60.

C'est là un fait remarquable ; les poids moléculaires des dissolvants employés variant de 1 à 4, les abaissements T ainsi trouvés expérimentalement n'ont varié que de 0°,58 à 0°62.

« Ceci est d'ailleurs naturel, dit M. Raoult[1]. En effet, quelle que puisse être la nature de l'action accomplie entre les molécules du dissolvant et celles du corps dissous, elle semble devoir être réciproque; si l'effet produit est indépendant de la nature du corps dissous, il doit l'être aussi vraisemblablement de la nature du dissolvant. »

Eau. — On a vu que les abaissements moléculaires K donnés avec l'eau pour dissolvant, varient considérablement avec les divers corps (17 — 130).

Les abaissements T varieront donc également. En considérant comme *normal* l'abaissement K = 19 donné par les substances organiques, il trouve pour valeur de $T_1, \frac{19}{18} = 1°,05$ quantité supérieure à 0°,62 présentée par les autres dissolvants.

Mais « cette exception à la loi générale, dit M. Raoult, n'a rien d'étonnant de la part d'un liquide qui présente bien d'autres particularités. »

Admettons que la molécule liquide de l'eau est formée de 2 molécules chimiques H^2O, son poids moléculaire devient 2 fois 18 = 36. Remplaçons par cette valeur, le poids moléculaire M′ dans l'expression de T, il vient $T = \frac{19}{36} = 0°,53$ chiffre peu éloigné de 0°,62.

Et l'exception n'est qu'apparente. Ainsi, les anomalies relatives aux dissolvants peuvent donc, comme celles qui se rapportent aux corps dissous, s'expliquer par une condensation des molécules.

Si l'on admet ces diverses hypothèses sur l'état des

[1] *Annales P. Ch.*, 1884.

dissolvants et des corps dissous, et si l'on rapporte les résultats observés aux molécules physiques (ions, agrégats) existant dans le mélange, on arrive à la loi générale formulée par M. Raoult en 1884.

1 Molécule quelconque, dissoute dans 100 molécules d'un dissolvant quelconque de nature différente, détermine dans le point de congélation de ce liquide un abaissement voisin de 0°,60.

APPLICATIONS DE LA CRYOSCOPIE. — Pour arriver à ses lois générales, M. Raoult est obligé de faire des hypothèses sur la nature des corps dans les dissolutions. Les particules physiques existant dans le liquide sont des *monades*.

Ces monades sont plus ou moins compliquées que la molécule chimique; par suite leur nombre n'est pas nécessairement le même que celui des molécules chimiques introduites.

L'action du corps dissous est due à la particule dissoute; chaque monade, quelle que soit sa complication, produit le même effet; l'effet total observé dépend donc du nombre total des monades.

On peut rapporter aux monades les effets observés; tout est simple : ce sont les lois générales. Ou bien rattacher ces effets aux molécules introduites dans le liquide; les lois se compliquent, l'effet n'est plus proportionnel au nombre des molécules introduites, puisque la transformation des molécules en monades dépend de l'état de la concentration ; on a des courbes de propriétés *apparentes* des molécules.

Quand on considèrera les monades, on n'aura qu'à appliquer les lois générales ; mais s'il s'agit des molécules dissoutes, ces lois ne seront qu'approximatives : on ne pourra passer des molécules aux propriétés, ou des propriétés aux molécules que si l'on connaît la courbe des propriétés apparentes de ces molécules en fonction de la concentration.

Etudions quelques problèmes de cet ordre.

NOMBRE D'ÉLEMENTS ACTIFS, DE MONADES. — Pour M. Arrhenius, chaque *molécule physique* produit dans 100 grammes d'eau un abaissement du point de congélation de 18° 5.

Une dissolution aqueuse présente un abaissement de congélation Δ. Elle renferme donc pour 100 grammes d'eau $\frac{\Delta}{18,5}$ monades et $\frac{\Delta}{1,85}$ pour 1000 grammes d'eau.

La cryoscopie donnant Δ fait connaître le nombre total d'éléments qui, d'après la théorie, existe dans la dissolution.

1° Le nombre d'éléments existant dans 1000 grammes d'un liquide organique (sérum sanguin) ayant un abaissement $\Delta = 0°\,55$ est $\frac{0,55}{1,85} = 0,292$.

2° Un abaissement du point de congélation de 1° correspond à $\frac{1}{18,5} = 0,54$ monades par litre de dissolution.

3° Deux dissolutions aqueuses renfermant le même nombre de monades ont même point de congélation. A cette température commune elles sont équimoléculaires (il s'agit de molécules physiques).

4° Une différence *d* des points de congélation de deux

dissolutions correspond à une différence $\frac{d}{1,85}$ dans le nombre des monades renfermées dans 1000 parties des liquides.

5° On a deux dissolutions équimoléculaires à la température de congélation Δ. Sont-elles encore équimoléculaires à la température θ degrés ? Elles ne le sont pas nécessairement; la chaleur peut agir différemment pour réunir ou disloquer les monades existant dans chacune des dissolutions à Δ. Inversement, si deux dissolutions renferment à θ degrés le même nombre de molécules, ces dissolutions ne présenteront pas nécessairement le même point de congélation Δ.

En pratique, on admet néanmoins que deux dissolutions équimoléculaires à une certaine température le demeurent à toute autre température.

DÉTERMINATION DES POIDS MOLÉCULAIRES[1]. — Soit un corps en dissolution dans un liquide déterminé.

Considérons des solutions de concentrations diverses P_1, P_2, P_3.

L'abaissement moléculaire est donné par la relation $K = \frac{C}{P} \cdot M$. Les dissolutions P_1, P_2, P_3 présenteront des abaissements C_1, C_2, C_3 ; l'abaissement moléculaire pour chaque dissolution sera $K_1 = \frac{C_1}{P_1} M$; $K_2 = \frac{C_2}{P_2} M$ $K_3 = \frac{C_3}{P_3} M$.

Nous avons vu (p. 46) que ces abaissements molécu-

[1] Voir p. 137.

laires *apparents* K, observés varient d'ordinaire avec la concentration.

Si nous connaissions la valeur de K pour chaque concentration, il serait facile de calculer le poids moléculaire du corps dissous. On ferait une dissolution de P_1 gramme du corps étudié dans 100 grammes d'un dissolvant approprié, on cryoscoperait la dissolution ; on aurait l'abaissement de congélation C_1.

Dans la formule $\frac{C_1}{P_1} M = K_1$ tout serait connu, sauf M ; on le déterminerait facilement $M = K_1 \frac{P_1}{C_1}$. Avec une concentration P_2 on trouverait la même valeur $M_2 = K_2 \frac{P_2}{C_2}$

En réalité, la courbe des abaissements moléculaires K n'est pas connue, on connaît seulement K à l'origine et cette valeur diffère plus ou moins de celles correspondant à des concentrations plus grandes. Par suite si opérant avec des concentrations P_1, P_2, on prend K (à l'origine) pour valeur de K_1, K_2, on commet une erreur sur M d'autant plus grande que K_1, K_2 diffèrent davantage de K.

M. Raoult a remarqué que « l'abaissement moléculaire K à l'origine est très voisin de celui que l'on obtient avec une dissolution de concentration telle que la congélation se produise à — 1° si l'eau est le dissolvant, entre 1° 5 et 2 degrés si le dissolvant est l'acide acétique ».

a) Pratiquement, on profitera de cette remarque : on fera une dissolution convenable pour qu'elle se congéle vers — 1 degré (eau) ou 1°5 ou 2 degrés (acide acétique).

L'emploi dans la formule de K à l'origine sera suffisamment correct [1].

b) — On peut aussi cryoscoper deux dissolutions inégalement concentrées, on détermine $\frac{C_1}{P_1}$; $\frac{C_2}{P_2}$ ... puis la valeur de coefficient d'abaissement à l'origine $\frac{C}{P}$. On connaît K à l'origine par la formule $\frac{C}{P}$ M = K on déduit M [2].

Les résultats que l'on obtient ainsi ne sont, en général, pas rigoureux ; ils suffisent néanmoins en pratique. En effet, d'ordinaire, ce que l'on veut : c'est connaître quel multiple convient, M, M^n, pour la valeur du poids moléculaire. L'indication fournie par la cryoscopie suffit généralement [3].

Dilution. — Soit une certaine dissolution ; son coefficient d'abaissement est $\frac{C}{P}$. On fait varier la concentration; en général le coefficient d'abaissement varie. devenant $\frac{C_1}{P_1}$; $\frac{C_1}{P_1} \gtrless \frac{C}{P}$ De là il suit que : le coefficient d'abaissement $\frac{C}{P}$ étant connu pour une certaine concentration, on ne peut pas en déduire simplement le coefficient $\frac{C_1}{P_1}$ que l'on aurait pour une autre concentration.

[1] La valeur de K est donnée page 49, pour les dissolvants usuels et les différents groupes de substances.

[2] Raoult, *Revue scientifique*, 1894.

[3] Pour exceptions, voir thèse Ponsot.

Application : On a une certaine dissolution ; pour des raisons quelconques (solubilité) on ne peut pas la cryoscoper telle quelle. Peut-on la diluer, cryoscoper la dissolution nouvelle et de l'abaissement trouvé, déduire le point de congélation de la dissolution originelle? — Non, d'après ce qui précède.

Effectivement Hamburger a reconnu que, si l'on dilue un liquide organique : lait, urine, etc., le point de congélation expérimentalement trouvé ne coïncide pas avec celui que l'on calcule d'après la dilution.

C'est ce que montre le tableau ci-dessous :

Liquide.	Δ observé.	Δ calculé d'après la dilution.
Sérum non dilué	0,647	0,647
1 sérum + 1 H^2O	0,331	0,662
1 — + 2 —	0,232	0,696
1 — + 3 —	0,183	0,732
1 — + 4 —	0.153	0,765
1 — + 5 —	0,136	0,816
1 sang. + 1 H^2O	0,243	0,486
1 — + 2 —	0,178	0,534
1 — + 3 —	0,133	0.540

M. Bousquet[1] a fait les mêmes remarques ; le tableau suivant les résume :

	Δ observé	calculé	différence
Urine normale	— 0,875	»	»
1 urine + 1/2 H^2O	— 0,61	— 0,583	— 0,027
1 — + 1	— 0,45	— 0,437	— 0,013
1 — + 2	— 0.31	— 0,291	— 0,019
1 — + 3	— 0,235	— 0,218	— 0,017
1 — + 4	— 0,19	— 0,175	— 0,015

[1] Bousquet, thèse de Paris, 1899, p. 110.

Concentration d'une dissolution. — Une dissolution présente un abaissement Δ de son point de congélation, le poids moléculaire du corps dissous est connu M. Quel est le poids P de corps existant dans la dissolution ?

De la relation générale $K = \frac{C}{P} M$, on tire $P = \frac{CM}{K}$.

On sait que K n'est pas constant ; il varie avec la concentration, avec chaque abaissement C.

Si K est connu pour l'abaissement C observé, la formule est applicable. On tire facilement la valeur de l'inconnue P.

Si l'on prend comme valeur de K, K à l'origine, on commet en général une erreur. P trouvé n'est pas rigoureusement exact.

Cas des mélanges. — Soit un mélange de corps en dissolution. Le nombre d'éléments actifs est n. La loi de Raoult est formelle : l'abaissement du point de congélation est proportionnel à n.

L'expérience peut donc répondre à la question : Quel est le nombre d'éléments actifs, de monades existant dans la solution ?

1° Dans une quantité déterminée de liquide, introduisons un poids donné P_A d'une substance A. L'abaissement produit est C_A.

2° Dans la même quantité de liquide, introduisons P_B du corps B. L'abaissement produit est C_B.

3° Dans la même quantité de liquide, introduisons $P_A + P_B$. Quel est l'abaissement produit ? Est-ce $C_A + C_B$?

Analysons le phénomène : En 1, l'abaissement C_A est dû aux m_A monades existant dans la solution ; en 2, l'abaissement C_B est dû aux m_B monades de la dissolution.

Quand les deux corps sont réunis dans le même liquide,

le nombre des monades n'est pas nécessairement $m_A + m_B$.

A. Si les deux corps ont une action chimique l'un sur l'autre, on ne peut pas prévoir les phénomènes.

B. Si les deux corps sont sans action chimique, on peut appliquer la règle suivante due à M. Raoult[1]:

« Si plusieurs corps sans action chimique l'un sur l'autre sont simultanément dissous dans 100 grammes d'eau, chaque corps abaisse la température de congélation en raison de son poids et du coefficient d'abaissement qu'il possède à la température de congélation du mélange. »

Exemple : Dans 100 grammes d'eau, on dissout :

AzO^3Na . . . . 4 gr. 464.

$NaCl$ . . . . 3 gr. 286.

L'expérience donne pour température de congélation :

$$A = -3°564.$$

La courbe des coefficients d'abaissement apparents $\frac{C}{P}$ montre que pour $C = 3°564$, le coefficient d'abaissement est pour AzO^3Na, $\frac{C}{P} = 0,360$; pour $NaCl$ $\frac{C}{P} = 0,587$.

L'abaissement partiel dû à 4 gr. 464 AzO^3Na est 4.464 fois l'abaissement produit par 1 gramme. . $4,464 \times 0,360 = 1°607$

De même, l'abaissement partiel de NaCl est $3,286 \times 0,587 = 1°919$

L'abaissement total calculé est . . . . 3°526

nombre qui ne diffère que de 1/93 du nombre expérimental.

Mais la règle n'est applicable qu'aux substances qui sont sans action chimique.

Application. — On a un mélange de deux corps A, B en dissolution aqueuse ; l'abaissement C observé est la

[1] *Annales Ph. Chimie*, 161, 8, p. 301, 1886.

somme des abaissements C_A, C_B que produisent les corps à la température de congélation. $C = C_A + C_B$; on en tire $C^A = C - C_B$.

Isolons le corps B, dissolvons-le dans l'eau pure pour obtenir le même volume que celui de la dissolution d'où il provient. La cryoscopie fait connaître un abaissement C'_B; C'_B n'est pas nécessairement égal à C_B, puisque les coefficients d'abaissement varient et que C'_B est différent de C.

Si l'on prend C'_B pour valeur de C_B dans l'égalité $C_A = C - C_B$, on commet une erreur sur la valeur de C_A ; si on calcule alors le poids de A correspondant à cet abaissement, on a évidemment un résultat entaché d'erreur.

Nous ferons remarquer : 1° Que ces considérations supposent la règle de M. Raoult rigoureuse ; 2° que pour des dissolutions étendues, l'erreur ainsi commise doit diminuer, elle peut même devenir négligeable ; il suffira de s'en rendre compte dans chaque cas particulier. Etudions un de ces cas.

Les liquides de l'organisme constituent des mélanges complexes de substances en dissolution aqueuse. Dans certaines *recherches biologiques*, on a intérêt à déterminer la concentration de ces liquides. Ne pouvant en général connaître les différentes molécules physiques dissoutes, on agit ainsi :

1° On cryoscope le liquide ; on a un abaissement du point de congélation Δ, c'est l'abaissement total, somme des abaissements partiels dus aux substances organiques et aux matières minérales.

2° On évapore un volume V de liquide ; on fait les cendres : elles constituent la matière minérale. On dissout ces cendres dans l'eau, on obtient un volume V de dissolution. La liqueur présente un abaissement Δ'.

3° On dit : l'abaissement produit par la substance organique est $\Delta - \Delta' = \Delta''$.

Empruntons un exemple à M. Bousquet [1] :

Sérum total, abaissement . . $\Delta = 0°595$ [1]

Matières minérales . . . . $\Delta' = 0°48$ [2]

Supposons, pour simplifier, que les matières minérales soient formées exclusivement de Na Cl.

Le tableau, page 54, montre que :

Pour l'abaissement de congélation $C = 0°4077$, NaCl possède un abaissement moléculaire : 34,56 ; cet abaissement devient 34,31 pour $C = 0°8211$. L'abaissement moléculaire augmente avec la dilution.

La variation est $34{,}56 - 34{,}31 = 0{,}25$ pour une variation d'abaissement de congélation $0{,}8211 - 0{,}4077 = 0°4134$.

Pour la différence $0{,}115 = 0{,}595 - 0{,}48$, la variation en valeur absolue serait $\frac{0{,}25}{0{,}4134} \times 0{,}115 = 0{,}07$. La variation relative serait $\frac{0{,}07}{35{,}6} = \frac{1}{500}$ de sa valeur environ.

Par suite, en admettant qu'en [1], Na Cl produit le même effet qu'en [2], on commet une erreur *par excès;* cette erreur est environ de $\frac{1}{500}$ de l'effet produit ; la solution est très étendue, l'erreur est négligeable devant les erreurs d'expérience. Le procédé employé est donc suffisamment correct.

Poids moléculaire moyen (Winter, Bouchard). — Une dissolution renfermant P grammes de substance dissoute pour 100 de dissolvant produit un abaissement C de congélation.

On a $K = M \frac{C}{P}$ d'où $M = K \frac{P}{C}$ [1]. C'est le poids moléculaire du corps dissous.

[1] Thèse citée, page 114, expérience XV.

Soit une deuxième dissolution : elle renferme le poids total P de corps différents ; l'abaissement observé est encore C. Appliquons la formule [1], nous obtenons M ; MM. Winter, Bouchard l'appellent « poids moléculaire moyen des substances dissoutes ». Cette donnée sans signification objective précise est néanmoins d'un certain intérêt au point de vue biologique ; nous aurons l'occasion d'y revenir.

En résumé. — I. Dans la congélation d'une dissolution étendue, c'est du dissolvant pur qui se solidifie.

II. La température de congélation d'une dissolution est inférieure à la température de congélation du dissolvant pur. La différence de ces températures constitue l'abaissement du point de congélation.

III. Le retard dans la solidification du dissolvant doit être attribué à une action « *mystérieuse* » du corps dissous qui s'oppose pour ainsi dire à la réunion des particules dissolvantes.

IV. On est amené à penser que ce retard dépend du nombre des particules existant en dissolution ; il est proportionnel à ce nombre. Par suite, deux dissolutions de corps différents faites avec le même dissolvant, ont le même point de congélation si elles renferment même nombre de molécules physiques.

V. M. Raoult énonce ces lois :

A. Une molécule d'un corps quelconque en dissolution dans un poids donné d'un même dissolvant produit toujours le même abaissement de congélation de ce dissolvant.

Cet abaissement varie avec les dissolvants.

B. Une molécule d'un corps quelconque en dissolution dans 100 molécules d'un dissolvant quelconque produit toujours le même abaissement du point de congélation.

Cet abaissement est voisin de 0°60.

Ces lois s'appliquent aux dissolutions suffisamment étendues.

Les substances à fonction chimique peu accusée, corps organiques, suivent généralement ces lois, quel que soit le dissolvant employé.

VI. Les sels, acides bases, et en général les *électrolytes* font exception à ces lois s'ils sont dissous dans l'eau, ils suivent les lois générales quand le dissolvant est un autre liquide.

Les exceptions n'infirment pas les lois générales; elles rentrent dans ces lois quand on admet ce qui suit.

Ce qui importe, c'est la molécule physique existant dans le liquide : cette molécule physique n'a pas forcément le poids moléculaire déterminé par les chimistes.

1° La particule dissolvante peut résulter de la condensation d'un certain nombre de molécules chimiques. Ainsi la molécule physique d'eau serait $2H^2O$ et non pas H^2O.

2° La molécule physique du corps dissous peut être *(a)* la molécule chimique; *(b)* un agrégat de molécules chimiques; *(c)* une fraction de la molécule chimique;

Du fait de la dissolution, cette molécule chimique pourrait se désagréger, se dissocier en particules nouvelles; ces particules auraient la valeur de la molécule physique active.

VII. La cryoscopie renseigne sur le nombre d'éléments, de monades existant dans un liquide.

Elle indique si deux dissolutions faites avec le même dissolvant renferment même nombre de monades.

Elle permet de déterminer les poids moléculaires des substances solubles, de trouver le poids de substance à poids moléculaire connu, contenu dans une dissolution ; de connaître les concentrations partielles d'une dissolution contenant un mélange de corps dissous, d'obtenir le poids moléculaire moyen des substances dissoutes.

§ 2. **Tension de vapeur des dissolutions. Tonométrie.**

Historique. — Von Babo (1847), Wüllner (1857) ont les premiers mesuré les tensions de vapeur d'un certain nombre de dissolutions salines aqueuses. Ils n'ont pas vu les relations existant entre l'abaissement de tension de vapeur du liquide et la nature du corps dissous.

Regnault soupçonnait l'importance de ces relations et en recommandait vivement la recherche aux expérimentateurs. M. Raoult expose ses premières recherches sur ce sujet et montre expérimentalement qu'il existe un rapport, déjà calculé par Guldberg[1], entre la diminution de tension de vapeur et l'abaissement du point de congélation du dissolvant. Il élucide la question de l'abaissement du point de congélation, et entreprend l'étude précise des tensions de vapeur : ses travaux sont exposés avec la bibliographie qui s'y rattache, dans les *Comptes rendus de l'Académie des Sciences* et les *Annales de physique et de chimie*, de 1886 à 1890.

Définitions. — A. Soit : 1° Un liquide donné pur ; 2° Une dissolution d'un corps non volatil dans ce liquide pur.

Portons ces deux liquides 1 et 2 à la température T.

Le liquide pur a une tension de vapeur $= f$.

La solution a une tension f' : on a : $f' < f$.

Ce fait est général : *Un corps fixe en dissolution dans un liquide abaisse la tension de vapeur de ce liquide.*

La diminution de tension absolue est $f - f'$, et la diminution relative $\frac{f-f'}{f} = 1 - \frac{f'}{f}$.

B. Portons les liquides 1 et 2 à l'ébullition sous la même pression extérieure H ;

Le liquide pur bout à une température θ.

La dissolution bout à $\theta_1 > \theta$; $\theta_1 - \theta$ est l'élévation du point d'ébullition du solvant.

Ce fait est un corollaire du précédent A ; car, de deux liquides donnés, c'est celui dont la tension de vapeur est la plus grande qui entre en ébullition le premier (sous la même pression extérieure).

Ainsi : *l'introduction d'une substance fixe dans un*

[1] *C. R.*, LXX, 1870, p. 349.
[2] *C. R.*, 1878.

dissolvant volatil diminue la tension de vapeur de ce liquide, élève son point d'ébullition.

Les molécules dissoutes retardent le départ des molécules liquides qui doivent se vaporiser. Cette propriété est à rapprocher de celles qu'elles possèdent de retarder la congélation des liquides, de retarder l'association des molécules liquides pour produire le solide.

L'action *mystérieuse* exercée par les particules du corps dissous est sans doute du même ordre ; M. Raoult a montré une relation entre les deux phénomènes[1].

Résultats. — Des recherches expérimentales de von Babo, Wüllner, Tamman (1885), Emden (1887), sur les solutions aqueuses ; de Raoult, sur les solutions faites avec l'éther, la benzine, il résulte la loi suivante : *loi de Babo.*

Dans la grande majorité des cas, la diminution relative de tension de vapeur $\frac{f-f'}{f}$ *d'une dissolution reste sensiblement la même à toute température, quel que soit le dissolvant employé.*

« Les exceptions peuvent être attribuées à des changements dans la constitution moléculaire des corps dissous ou du dissolvant. »

Influence de la concentration. — Quand le poids P de substance fixe dissoute dans 100 grammes du dissolvant volatil augmente, la tension de vapeur f' de la dissolution diminue, la température étant toujours T ; $f-f'$ augmente donc, et aussi $\frac{f-f'}{f}$.

La quantité $\frac{f-f'}{f \cdot P}$ représente la diminution relative de

[1] Voir plus loin, p. 78.

tension de vapeur produite par 1 gramme de la substance dans la dissolution[1].

Wüllner prétend que $\frac{f-f'}{f.P}$ est constant, de même que Blagden prétendait que $\frac{C}{P}$ = Constante.

En construisant des courbes comme il l'avait fait pour la loi de Blagden, Raoult montre que la loi de Wüllner n'est pas rigoureuse, surtout pour les dissolutions concentrées. Par contre, il démontre que :

« *Les diminutions relatives sont, entre des limites de concentration fort étendues, sensiblement proportionnelles au nombre de molécules de substance fixe contenues dans 100 molécules du mélange.* » (Raoult).

Soient : P le poids de la substance dissoute dans 100 grammes du liquide volatil ; M, son poids moléculaire.

Le nombre n des molécules contenues dans P est

$$\frac{P}{M} = n.$$

Appelons M' le poids moléculaire du dissolvant.

Dans 100 grammes du dissolvant, il y a $\frac{100}{M'} = n'$ molécules.

La dissolution de poids $100 + P$ renferme donc n molécules du corps dissous dans $n + n'$ molécules du mélange. Dans 100 molécules du mélange, il y aurait : $\frac{n + n'}{n} \times 100$ molécules du corps dissous.

Remplaçons, dans cette expression, les lettres par leur valeur, il vient :

[1] C'est l'analogue du coefficient d'abaissement $\frac{C}{P}$ pour la congélation.

$$\frac{n}{n+n'} \times 100 = \frac{\frac{P}{M} \times 100}{\frac{P}{M} + \frac{100}{M'}} = \frac{PM'}{PM' + 100\,M} \times 100$$

La loi de Raoult se formule ainsi :

$$\frac{f - f'}{f} = k' \times 100 \frac{n}{n + n'} = k' \times 100 \times \frac{PM'}{PM' + 100\,M} \quad \text{ou ,}$$

en faisant $k = 100\,k'$, $\frac{f}{f - f'} = k \frac{PM'}{PM' + 100\,M}$ (1), ou bien :

$$\frac{f - f'}{f} \times \frac{n + n'}{n} = k \; (2).$$

Si la dissolution est très étendue, $n + n'$ est très voisin de n'. On peut écrire :

$$\frac{f - f'}{f} . \frac{n'}{n} = k \text{ ou : } \frac{f - f'}{f\,P} . \frac{M}{M'} = k \; (2)'.$$

L'expérience montre que la loi est suffisamment exacte.

Pour les dissolutions concentrées, on a : $\frac{f - f'}{f} . \frac{n + n'}{n} = k.$

Si la dissolution est étendue, si n est inférieur à 0,15 (moins de 15 molécules dissoutes dans 100 molécules de mélange), on a :

$$\frac{f - f'}{f} . \frac{n + n'}{n} = k\left(1 + a \frac{n}{n + n'}\right)$$

où k et a sont des constantes pour chaque mélange.

La vraie loi du phénomène est celle-ci pour les dissolutions étendues *(Raoult et Recoura) :*

$\frac{f - f'}{f\,P} . \frac{M}{M'} = k = \frac{d'}{d}$; d' = densité de la vapeur saturante à la température de l'expérience. d = densité normale de la vapeur.

Le tableau ci-après montre la concordance entre les valeurs expérimentale k et calculée $\frac{d'}{d}$.

	k observé	$\left(\frac{d'}{d}\right)$
Benzine.	1,01	1,02
Ether	1,04	1,04
Acétone.	1,01	
Alcool	1,01	1,02
Eau	1,02	1,03
Acide formique . . .	1,55	1,34 ?
Acide acétique. . . .	1,63	1,63

Ces nombres s'accordent à 1/100 près.

Comparaison des diverses dissolutions. — M. Raoult construit des courbes pour chaque dissolution ; il prend pour ordonnées $\frac{f - f'}{f} \times \frac{n + n'}{n} = k$ et pour abscisses $\frac{n}{n + n'}$.

Quand les solutions sont étendues ($n < 0{,}15$), on obtient des droites plus ou moins inclinées sur l'axe des abscisses. En les prolongeant, on coupe l'axe des ordonnées. On obtient ainsi k à l'origine. Cette ordonnée indique la valeur que posséderait k dans une dissolution très diluée, le corps conservant la constitution qu'il possède dans la portion observée de la droite.

M. Raoult compare les valeurs de k à l'origine pour diverses substances, pour divers dissolvants.

Pour des dissolutions étendues, k à l'origine affecte trois sortes de valeurs :

1° *Valeurs normales*, les plus nombreuses ; voisine de 1 (moyenne = 1,04.)

2° *Valeurs anomales* inférieures à 1 (moyenne 0,52.)

3° *Valeurs anomales* supérieures à 1.

Pour M. Raoult, cette anomalie n'est qu'apparente (voir plus loin) et en principe, il admet que ce coefficient k est toujours voisin de 1.

On a en règle générale ; $k = 1$, $k' = 0{,}01$

d'où $\frac{f-f'}{f} \cdot \frac{n+n'}{n} = 1$; $\frac{f-f'}{f} = \frac{n}{n+n'}$.

« *Quelle que soit la nature du corps fixe dissous dans un liquide volatil, la diminution relative de tension de vapeur* $\frac{f-f'}{f}$ *d'une dissolution étendue est égale au rapport qui existe entre le nombre des molécules physiques dissoutes et le nombre total des molécules du mélange.* »

Ainsi « *1 molécule de substance fixe en dissolution dans 100 molécules d'un liquide volatil, diminue la tension de vapeur de ce liquide de la centième partie de sa valeur.* »

DISCUSSION.

VALEURS NORMALES. $k = 1$ environ, d'où $\frac{f-f'}{f} = \frac{n}{n+n'}$.

Tous les corps volatils peuvent donner cette valeur normale. Certains la donnent constamment : éther, acétone, alcool, quel que soit le corps dissous. Quand on ne l'obtient pas, la cause en est due au corps dissous.

VALEURS ANOMALES. $k < 1$; $k = 0{,}52$ environ.

Ne s'observent que dans certains corps volatils (hydrocarbures, simples ou substitués) : benzine, sulfure de carbone, amylène, bromure d'éthyle), pour des dissolutions de certains corps fixes qui sont ordinairement des *acides*.

Si l'on admet que les molécules physiques du corps dissous sont formées de deux molécules chimiques, l'anomalie disparaît (Raoult).

Pour les dissolutions étendues, on a la relation :

$$\frac{f-f'}{f} \cdot \frac{n'}{n} = k, \text{ soit } 0{,}50.$$

En admettant que les molécules du corps dissous résultent de l'association de deux molécules chimiques, n est 2 fois trop petit.

d'où : $\frac{f-f'}{f} \times \frac{n'}{n \times 0{,}50} = 0{,}50$. Si 0,5 n devient n

$\frac{f-f'}{f} \cdot \frac{n'}{n} = 1.$

VALEURS ANOMALES > 1. — Elles s'observent surtout dans deux cas : avec l'eau et l'acide acétique.

CAS DE L'ACIDE ACÉTIQUE. — Presque tous les composés qui se dissolvent dans cet acide donnent un k trop considérable.

M. Raoult admet que certaines molécules physiques de l'acide acétique résultent de la condensation de deux molécules chimiques. Les autres sont simples. L'effet produit dépend des quantités relatives de ces deux sortes de molécules, simples ou géminées, à poids moléculaires 60 et 120.

CAS DE L'EAU. — Les matières organiques en dissolution aqueuse suivent la loi générale et donnent k voisin de 1.

Les substances salines donnent k trop grand, de même qu'elles produisaient un abaissement trop fort pour le point de congélation.

Voici les résultats : « *La diminution de tension de vapeur due aux sels dissous dans l'eau est la somme des diminutions produites par les radicaux électro-négatifs et électro-positifs dont ils sont formés* (Raoult). »

Voici la valeur des diminutions partielles : k'

Radicaux électronégatifs monoatomiques :

(Cl, OH, AzO^3) 0,18

Diatomiques :

(SO^4, CrO^4) 0,09

Electropositifs monoatomiques :

(H, K, AzH^4) 0,16

Di ou polyatomiques :

(Ba, Mg, Al) 0,08

Ces données permettent de calculer pour la plupart des sels la diminution moléculaire de tension de vapeur.

Exemples :

	DIMINUTION MOLÉCULAIRE DE TENSION DE VAPEUR calculée	observée	
K Cl . .	0,16 + 0,18 = 0,34	0,33	(Raoult, Tamman)
K Cy S. .	0,16 + 0,18 = 0,34	0,30	(Tammann)
Na Cl . .	0,16 + 0,18 = 0,34	0,34	(R — T)
$K^2 Cr O^4$.	2 × 0,16 + 0 09 = 0,41	0,42	(R — T)
$Ba Cl^2$. .	0,08 + 2 × 0,18 = 0,44	0,44	(T)

L'accord est satisfaisant.

Ainsi les sels donnent des diminutions moléculaires de tension de vapeur trop considérables. Ils font exception à la loi générale, mais leurs radicaux constituants s'y rattachent très simplement.

Une molécule de substance organique dissoute dans l'eau produit une diminution relative de 0,18, c'est la *diminution moléculaire normale.* Or, les diminutions moléculaires de tension des radicaux monoatomiques sont en moyenne de 0,17, nombre remarquablement approché du précédent. Quant aux diminutions moléculaires de tension des radicaux diatomiques, elles sont de $\frac{0,17}{2}$ en moyenne ; valeur faible qui peut s'expliquer vraisemblablement par la condensation 2 à 2 des radicaux diatomiques.

Cela amène tout naturellement à penser que les sels en dissolution aqueuse subissent une certaine dissociation — que les nouvelles particules formées agissent comme toutes les molécules physiques — et que la loi de diminution de tension de vapeur de M. Raoult est générale.

D'après cela, seul importe le nombre des molécules physiques existant dans la dissolution.

Deux dissolutions faites avec le même dissolvant ont la même tension de vapeur, et, par suite, le même point d'ébullition si ces deux dissolutions contiennent le même nombre de molécules.

Relations entre la diminution relative de tension de vapeur et l'abaissement du point de congélation des dissolutions. — Quand une dissolution est chauffée, de la vapeur se dégage. Quand une dissolution se congèle, du dissolvant se dépose. Dans ces deux opérations, on sépare, en somme, une petite quantité de dissolvant.

Les perturbations que l'on observe dans la diminution de la tension de vapeur du liquide, dans l'abaissement de son point de congélation, dépendent évidemment de l'action de la substance dissoute : c'est la même cause qui produit ces deux effets ; il faut s'attendre à trouver une relation entre eux.

M. Raoult, dans une série d'expériences[1] portant sur des dissolutions aqueuses d'urée, d'acide citrique, de glucose et de sucre, conclut ainsi :

« *Pour des dissolutions aqueuses étendues et de même concentration, le nombre qui exprime la diminution relative de tension de vapeur est à peu près la* $\frac{1}{100}$ *partie de celui qui exprime l'abaissement du point de congélation.* » Tammann (1887) a trouvé que ce nombre est $< \frac{1}{100}$.

En opérant avec de la benzine et avec : naphtaline, nitrobenzine, benzoate d'éthyle, acide benzoïque, M. Raoult trouva que le rapport est de 62 à 63.

En opérant avec de l'acide acétique. MM. Raoult et Recoura trouvèrent pour ce rapport 39-41.

[1] *C. R.*, 1887.

Résultats théoriques. — Les calculs de Guldberg[1] et de Kolacek[2] montrent que l'on doit avoir :

$$\frac{C}{P} = 105 \times \frac{f - f'}{fP}$$

quand le dissolvant est l'eau.

Les calculs de Van t'Hoff[3] basés sur la thermodynamique, l'amènent à ce résultat :

Si 1 molécule dans 100 molécules du dissolvant donne :

1° L'abaissement α du point de congélation ;

2° La diminution relative β de tension de vapeur, on a :

$$\frac{\alpha}{\beta} = 0,02 \times \frac{T^2}{L} \times 101.$$

T = température absolue de congélation du liquide.
L = chaleur latente moléculaire de fusion.

D'où l'on conclut :

« *Pour toutes les dissolutions faites dans un même dissolvant, il y a un rapport constant entre l'abaissement du point de congélation et la diminution relative de tension de vapeur.* » (Raoult.)

Les écarts observés proviennent de ce que les points de congélation et les tensions de vapeur n'étant pas pris à la même température, certains corps dissous peuvent bien ne plus être au même état dans les deux cas.

En appliquant cette formule théorique, on trouve:

[1] *C. R.*, LXX, 1349, 1870.
[2] *Wied. Ann.*, t. XV, 1883.
[3] *Mém. Acad. de Suède*, n° 77.

1° Pour l'eau : $\frac{\alpha}{\beta} = 104,8$.

Expérimentalement, Raoult a trouvé 100 environ
et Tammann 102

2° Pour la benzine : $\frac{\alpha}{\beta} = 68$.

L'expérience donne 63.

3° Pour l'acide acétique : $\frac{\alpha}{\beta} = 40$.

L'expérience donne en moyenne 40.

L'accord entre la théorie et la pratique est très satisfaisant.

APPLICATIONS. — Les lois précédentes pour être vérifiées exigent que le corps dissous soit fixe ; sinon sa vapeur, se mêlant à celle du liquide, troublerait les phénomènes.

Pour obtenir des résultats suffisamment exacts, il faut que la tension de vapeur des corps dissous soit aussi faible que possible par rapport à celle du dissolvant.

Il faut qu'il y ait une différence d'au moins 120 degrés entre les points d'ébullition du corps dissous et du dissolvant, ou que le rapport de leurs tensions de vapeur soit $< 0,01$ [1].

Si cette condition est remplie, l'étude des tensions de vapeur, la *Tonométrie*, pourra donner quelques renseignements.

A. Si deux dissolutions faites avec le même liquide ont la même tension de vapeur — ou le même point d'ébullition — elles renferment un même nombre de molécules physiques.

Une détermination de tension de vapeur (méthode statique) ou du point d'ébullition (méthode dynamique), mon-

[1] *Ann. Ch. et Phys.*, 6e série, 15, 1888.

trera si ces deux dissolutions ont la même concentration[2] moléculaire.

B. La tonométrie permettra de déterminer approximativement les *poids moléculaires* des substances fixes [1].

On a la relation générale :

$$\frac{f-f'}{f}\,\frac{n+n'}{n}=k^2 \text{. qui devient } \frac{f-f'}{f}\times\frac{n'}{n}=k\text{, si } n \text{ est petit}$$

par rapport à n' (solutions diluées, 5 molécules au plus dans 100 molécules du dissolvant)

$$\text{et : } \frac{f-f'}{f}\,\frac{M}{PM'}=k.$$

On fait dissoudre P grammes de la substance dans 100 grammes du dissolvant, de poids moléculaire M'.

I. On détermine la tension de vapeur f du dissolvant; f' de la dissolution; à une température convenable ; on applique la formule indiquée: on a M cherché.

II. On détermine les températures d'ébullition T_s et T_L les deux liquides sous la même pression.

L'élévation de température $\Delta T=T_s-T_L$ permet de calculer M, d'après la relation $M=P.\frac{B}{\Delta T}$ où B est un coefficient déterminé par M. Raoult et dont la valeur est pour :

Benzine	25
Ether	21,5
Acétone	16,8
Alcool	11,5
Eau	5,2

[1] Voir *Revue scientifique*, 1894.

[2] Voir page 72.

En résumé. — I. Quand on dissout un corps fixe dans un liquide volatil, on abaisse la tension de vapeur de ce liquide, on élève son point d'ébullition.

II. Ce retard à la vaporisation du liquide doit être attribué à une action spéciale « mystérieuse » du corps dissous qui s'oppose pour ainsi dire au déplacement des particules liquides.

III. M. Raoult pense que ce retard dépend du nombre des particules existant en dissolution : il est proportionnel au nombre de ces particules.

IV. Les lois générales du phénomène sont celles-ci : 1 molécule physique de substance fixe quelconque en dissolution dans 100 molécules physiques d'un liquide volatil quelconque, diminue la tension de vapeur de ce liquide de la 100e partie de sa valeur.

V. Les substances organiques en dissolution aqueuse suivent la loi.

Les substances salines paraissent faire exception. L'anomalie disparaît si l'on admet que les particules physiques du corps dans la dissolution ne sont pas nécessairement les molécules correspondant au poids moléculaire chimique.

VI. La *tonométrie* permet de calculer le nombre d'éléments actifs d'une dissolution, de déterminer le poids moléculaire des substances fixes et solubles.

CHAPITRE III

DE LA PRESSION OSMOTIQUE II

Préliminaires. — 1° Au-dessus d'une dissolution aqueuse de sucre, plaçons avec précautions, pour ne pas opérer de mélange, une couche d'eau pure. Empêchons les variations de température, les perturbations mécaniques; malgré qu'il n'y ait pas de brassages, les deux liqueurs se mélangent cependant : *elles diffusent* comme le feraient deux gaz superposés. Le mouvement interne apparent ne prend fin que lorsque le sucre est disséminé d'une façon uniforme dans toute la masse liquide.

2° Supposons que l'on interpose, au début, entre les liquides : solution sucrée, eau, une membrane animale, telle qu'une vessie. Les deux liquides feront des échanges à travers la membrane; il y aura *osmose*. L'expérience montre qu'il paraît y avoir deux courants inverses qui traversent la membrane; l'un le courant d'*endosmose* allant de l'eau vers la dissolution sucrée, l'autre nommé courant d'*exosmose* qui va de la dissolution sucrée vers l'eau (Dutrochet, 1820); en général ces courants sont inégaux, on observe une variation des volumes liquides, l'un augmente, l'autre diminue d'une quantité égale. Le phénomène est complexe; il dépend des liquides, mais aussi de la membrane *septum*.

Il y a mouvement, donc des forces agissent, la résultante constitue la *force osmotique* de Graham.

3° Imaginons une membrane qui ne laisse passer que le liquide dissolvant, et qui arrête les substances dissoutes : c'est une mem-

BRANE HÉMIPERMÉABLE. L'osmose dans ce cas sera plus simple, plus facile à étudier : un seul courant existe.

HISTORIQUE. — Dutrochet (1820) avait observé que toutes les substances ne traversent pas les membranes avec la même facilité. Graham appela *cristalloïdes* les corps qui diffusent bien et traversent facilement les membranes, il nomma *colloïdes* ceux qui diffusent mal, *dialysent* mal.

Quand une membrane animale (de nature colloïdale) sépare de l'eau et une dissolution aqueuse contenant des cristalloïdes et des colloïdes, il y a échange d'eau et des cristalloïdes à travers la membrane; les colloïdes ne sont à peu près pas intéressés.

Traube, en 1867[1], fit cette expérience : une baguette de verre, supportant à son extrémité déclive une goutte de dissolution de gélatine, est plongée dans une dissolution de tanin. Une membrane irisée se produit au contact des deux liquides qu'elle sépare. Elle est fournie par la *précipitation* de la gélatine sous l'influence du tanin. Cette membrane est hémiperméable : elle arrête la gélatine, le tanin [les *membranogènes*, ainsi qu'il les nomme] et laisse passer le dissolvant.

Tammann fait cette remarque : une goutte de dissolution de SO^4Cu de densité convenable est introduite dans du ferrocyanure de K dissous ; une membrane de précipitation se forme entre les deux liquides : cette membrane est hémiperméable.

Pfeffer, étudiant les échanges qui s'opèrent entre les tissus végétaux et les liquides du sol, est amené à construire

[1] *Archiv für Anat. Physiol.*, de Bois-Reymont, p. 87, 1867.

des parois hémiperméables ; les vases qu'elles constituent sont des *cellules osmotiques*.

Préparation des cellules osmotiques de Pfeffer[1]. — Des vases de pile en terre de pipe sont lavés soigneusement aux acides, alcalis et eau pure ; on s'aide d'une pression réduite pour permettre aux liquides de bien traverser les parois poreuses. Les vases essuyés au papier buvard puis séchés sont placés dans une solution de SO^4Cu à 3 pour 100 pendant qu'on introduit à leur intérieur une dissolution de ferrocyanure K de même concentration.

On fait le vide sur tout ce système pendant deux à trois jours. L'air sort des pores ; les deux *membranogènes* cheminent en sens inverse, se rencontrent dans l'épaisseur des parois, réagissent chimiquement, un précipité de ferrocyanure de Cu prend naissance. On obtient ainsi une paroi constituée par cette substance gélatineuse que consolide la charpente en porcelaine. On fait des lavages longs répétés pour enlever l'excès de membranogènes.

L'expérience prouve qu'une telle paroi laisse passer l'eau, mais plus lentement qu'avant la formation de l'enduit gélatineux ; les substances en dissolution : sucre, etc. sont arrêtées : la *membrane est hémiperméable*.

Malgré sa délicatesse, cette membrane peut supporter des pressions de plusieurs atmosphères.

La préparation de ces membranes est difficile ; avec la méthode primitive de Pfeffer on en réussissait 2 sur 100. Le procédé indiqué assure la réussite de 25 à 30 pour 100 des préparations[2].

[1] *Osmotische Untersuchungen*, Leipzig, 1877.

[2] Adie cité par Reychler, *Théories Phys.-chimiques (loc. cit.)*

Il n'est pas nécessaire d'employer du ferrocyanure de cuivre; n a pu avec succès se servir d'autres précipités : hydrate erique, acide silicique, phosphate de chaux gélatineux, gélatine récipitée par le tanin, albumine précipitée par AzO^3, etc.

La cellule osmotique ainsi préparée est fermée à sa partie upérieure au moyen d'une garniture convenable : métal, 'erre, liège; on lute avec un ciment approprié : cire d'Es-agne, etc... On ménage un dispositif, robinet par xemple, pour l'introduction des dissolutions étudiées. La ression à l'intérieur du vase peut se mesurer de deux açons :

1° Au moyen d'un manomètre branché sur la garniture; l faut employer un manomètre à Hg de petit volume de elle façon que le volume du liquide contenu dans le vase, t limité par le niveau mobile Hg, ne change pas sensible-nent du fait du déplacement de ce mercure; on a intérêt se servir d'un manomètre à air comprimé.

2° Un tube en verre vertical surmonte le couvercle de a cellule; le liquide s'élève dans ce tube à une certaine auteur; elle fait connaître la pression hydrostatique xistant dans le vase.

Le premier procédé est de Pfeffer; le deuxième dispo-itif a été appliqué par M. Ponsot dans ses récentes echerches expérimentales.

De l'hémiperméabilité. — Ainsi, on peut obtenir des nembranes qui laissent passer l'eau et arrêtent les sub-tances dissoutes. La couche externe du protoplasme des ellules végétales *paraît* aussi hémiperméable.

Il ne faudrait pas croire cependant que l'hémiperméa-ilité est une propriété absolue et que les corps dissous ont toujours arrêtés.

Traube le croyait, il fit des expériences, crut prouver que la *membrane de précipitation* est imperméable aux membranogènes et à d'autre sels. Hugo de Vriès[1] n'est pas de cet avis ; les recherches de Traube ne sont pas concluantes ; le passage des corps dissous peut exiger un certain temps ; si la durée de l'expérience est faible, la quantité de substance qui a franchi la membrane peut ne pas être décelable.

Hugo de Vriès[2] dit que, dans la plupart des cellules végétales vivantes, l'impénétrabilité pour les substances dissoutes est *suffisante* (sans être rigoureuse) pour qu'on puisse parler d'hémiperméabilité de ces cellules.

Van t'Hoff[3] annonce que l'on peut se procurer des membranes « qui sont perméables pour tel corps dissous sans l'être pour un autre ».

Enfin dans le cours de ses recherches sur l'électrolyse, Ostwald constate que des membranes imperméables pour certains *ions* en laissent passer d'autres.

On peut expliquer ces particularités de cette façon : La membrane est poreuse puisque des corps la traversent ; traverseront seules la membrane, les molécules de dimensions inférieures à celles de ses pores.

Ce point est à retenir : une membrane *dite* hémiperméable n'est pas rigoureusement hémiperméable. Par suite, tous les raisonnements faits en s'appuyant sur l'hémiperméabilité ne seront jamais rigoureusement applicables aux membranes *réelles* pour *toutes* les sub-

[1] Hugo de Vriès, *Archiv. néerlandaises*, t. X, p. 344.
[2] Hugo de Vriès, *Comptes rendus Acad. des Sciences*, 1883.
[3] Van t'Hoff, *Archiv. néerlandaises*, 1885.

stances dissoutes. Si on les applique, on commettra une erreur d'autant plus grande que l'hémiperméabilité sera moins rigoureuse; les résultats de l'expérimentation différeront plus ou moins des calculs théoriques.

En principe, on devra être prudent dans l'explication, au moyen de la théorie reposant sur l'hémiperméabilité, *des phénomènes qui prennent naissance* au niveau des membranes plus ou moins perméables.

Expériences. — Pression osmotique. — I. Une cellule osmotique de Pfeffer est entièrement remplie d'une dissolution de saccharose, munie de son manomètre et plongée dans l'eau pure. Voici ce que l'on observe : Le mercure du manomètre se déplace, indiquant une pression croissante à l'intérieur du vase. La pression croît lentement pendant des heures, des jours, puis enfin s'arrête, reste stationnaire, invariable, si les conditions extérieures ne varient pas. La pression finale stationnaire correspond à un certain état d'équilibre : l'*équilibre osmotique entre l'eau extérieure et la dissolution de sucre à travers la membrane de Pfeffer*. La pression finale s'appelle : *Pression osmotique*, on la désigne par la lettre π.

II. On peut d'une autre façon réaliser l'équilibre. Munissons le vase de Pfeffer d'un tube latéral dans lequel peut se mouvoir un piston obturateur. Sur ce piston exerçons une certaine pression. Si cette pression est insuffisante, le piston est chassé : de l'eau pénètre dans le vase, la solution se dilue. Par contre, si la pression est trop considérable, le piston s'abaisse, tandis que, de l'eau pure sortant du vase, la dissolution se concentre.

Enfin pour une pression convenable tout reste en état :

il y a équilibre. La pression exercée à ce moment sur le piston mesure π[1].

A partir de cette pression limite π, une faible variation de la pression exercée sur le piston fait, en sens inverse, varier la concentration de la dissolution. D'où moyen utilisé dans la théorie thermodynamique des phénomènes pour faire varier la concentration d'une façon *réversible.*

III. Si on emploie le dispositif de M. Ponsot on constate ce fait. Le vase plein de dissolution étant immergé dans l'eau pure, le liquide s'élève dans le tube vertical de verre avec une vitesse décroissante, la *vitesse d'osmose.* Au bout d'un certain temps le niveau reste stationnaire. La hauteur au-dessus du niveau de l'eau pure extérieure, du niveau du liquide dans le tube vertical, s'appelle : *hauteur osmotique*.

Ces expériences mettent en évidence l'existence de la pression osmotique ; elles permettent d'en mesurer la valeur absolue. De pareilles déterminations n'ont été effectuées à la suite de Pfeffer que par un petit nombre d'auteurs : Ladenburg, Adie et récemment M. Ponsot[2]. Il faut dire d'ailleurs que ces recherches difficiles, ne sont pas susceptibles d'un très haut degré de précision.

A. Valeurs de π. — Les valeurs de la pression osmo-

[1] Cela n'est rigoureusement exact qu'autant que le système : vase piston est immergé au même niveau.

[2] 1897. M. Ponsot, Hauteurs osmotiques (Sucre) (*C. R.*, p. 868).
1897. *Bulletin Société chim.*, t. XVII, p. 773.
1898. — — p. 9.
1899. M. Ponsot, *C. R.*, p. 1448, Hauteurs osmotiques (NaCl).

tique peuvent être considérables. Une dissolution de sucre à 1 pour 100 produit dans les conditions indiquées une pression π de plus de 50 centimètres de Hg ; la dissolution de salpêtre à 1 pour 100 développe une pression supérieure à 3 atmosphères.

La pression osmotique est sous la dépendance d'un grand nombre de circonstances. L'expérience montre qu'elle dépend de la nature du corps dissous, de la concentration de la dissolution et de la température. Des considérations théoriques sur lesquelles nous n'insisterons pas prouvent qu'elle dépend aussi en particulier de la pression extérieure.

INFLUENCE DE LA PRESSION EXTÉRIEURE. — Dans leur travail théorique[1]. MM. Gouy et Chaperon arrivent à ces résultats : LA PRESSION OSMOTIQUE π EST ÉGALE A LA DIFFÉRENCE DES PRESSIONS EXISTANT A L'INTÉRIEUR ET A L'EXTÉRIEUR DU VASE HÉMIPERMÉABLE. — Son expression comprend plusieurs termes ; les uns sont constants, un autre est proportionnel à la pression extérieure P : π est une fonction linéaire de P. Pour des pressions moyennes, le terme variable a une valeur à peu près négligeable ; π = constante. Mais « pour des pressions très élevées, le terme proportionnel à la pression peut devenir prépondérant et l'équilibre osmotique peut être fort différent de ce qu'il serait aux pressions moyennes. Ce résultat présente quelque intérêt au point de vue des phénomènes biologiques au fond des mers ».

[1] Gouy et Chaperon, Equilibre osmotique (*Annales Phys. et Chimie* (6) t. XIII, 1888.

M. Charpy[1] conclut ainsi :

I. La pression osmotique d'une solution donnée augmente toujours quand la pression extérieure augmente.

II. La variation de la pression osmotique par la pression extérieure est d'autant plus grande que la solution est plus concentrée.

III. La variation de la pression osmotique par la pression extérieure est d'autant plus faible que la température est plus élevée.

A partir de la pression atmosphérique, une variation de pression p produit une variation $d\pi$ de la pression osmotique.

$d\pi = \frac{(1-k)}{k} \cdot p$; k étant le coefficient de contraction défini d'autre part[2].

Exemples : 1° Solution Na Cl 9 gr. 4120 pour 100 grammes de solution.

Les tables de Charpy donnent $1 - k = 0{,}00438$

d'où l'on tire : $k = 1 - 0{,}00438 = 0{,}99562$

et : $d\pi = \frac{0{,}00438}{0{,}99562} p = 0{,}0044 \, p$

2° Solution Na Cl 5 gr. 1536 pour 100 grammes de solution.

$1 - k = 0{,}00173 : k = 0{,}99827$

$d\pi = 0{,}0017 \, p$

INFLUENCE DE LA CONCENTRATION. — *Pour des dissolutions d'une même substance, la pression osmotique est proportionnelle à la concentration* (on suppose la température constante).

[1] *Annales Phys. et Chimie* (6), t. XXIX, p. 31, 1893.
[2] Voir page 34.

Voici des résultats de Pfeffer (d'après Van t'Hoff).

Saccharose.

Concentrations C	π en millim. de Hg	Rapport $\frac{\pi}{C}$
—	—	—
1 0/0	535,5	535
2 »	1016	508
2,74	1518	554
4 »	2882	521
6 »	3075	513

La température a oscillé pendant les expériences entre 13°5 et 16°1.

La constance du rapport $\frac{\pi}{C}$ est suffisante : π est bien proportionnelle à C pour des dissolutions étendues.

Influence de la température. — *La pression osmotique d'une dissolution donnée croît avec la température.* — Une dissolution de sucre à 1 pour 100 présente les pressions osmotiques suivantes :

à 6°8	0,664	atmosphère
22	0,721	—
36	0,746	—

La loi de variations est d'après Van t' Hoff :

$$\pi\, t = \pi_0 \left(1 + \frac{t}{273}\right) = \pi_0 (1 + 0{,}00367\ t).$$

Voici quelques exemples.

A. Dissolutions aqueuses de sucre.

Ie à 32°	π observé 544mm Hg	calculé	
24°1	— 510 —	—	512
IIe à 26°	π observé 567 —	calculé	
15°5	— 521 —	—	529

B. Dissolutions de tartrate de Na

Iᵉ à 37°3	π observé 983^{mm} Hg	calculé
13°3	— 908 —	— 907
IIᵒ à 36°6	π observé 1564 —	calculé
13°3	— 1432 —	— 1443

De l'isotonie. — 1° Quand, au moyen d'une membrane de Pfeffer, on sépare de l'eau et une dissolution aqueuse, on constate que l'eau va du côté de la dissolution, qui se dilue de plus en plus. Tout se passe comme si la substance dissoute attirait l'eau à travers la membrane, comme si elle avait pour cette eau un certain *pouvoir attractif.* Si la dissolution est mise dans une cellule osmotique, le vase n'admet plus d'eau, quand l'excès de la pression intérieure sur la pression extérieure a acquis une certaine valeur; à ce moment il y a pour ainsi dire équilibre entre cette surpression et le *pouvoir attractif* de la substance; l'un peut donner une mesure de l'autre.

2° Supposons que de chaque côté de la membrane existe la même dissolution; le pouvoir attractif ayant la même valeur dans les deux liquides, on n'observe pas de courant d'osmose. Quand l'expérience est faite avec le vase de Pfeffer, le manomètre n'indique pas de variation de pression dans le vase. La pression osmotique différence des pressions interne et externe est nulle pour un tel système.

3° Considérons deux dissolutions du *même* corps, mais inégalement concentrées, la pressien osmotique déterminée au moyen du vase de Pfeffer placé dans l'eau est π_1 pour l'une, π_2 pour l'autre $\pi_1 > \pi_2$. On les sépare par la membrane hémiperméable; la plus concentrée se dilue, l'autre se concentre. Lorsque, par le courant d'eau pure, la concentration sera devenue la même des deux côtés, il y aura équilibre. La pression π_1 aura diminué, π_2 aura augmenté ; ces pressions deviennent égales.

4° Soient deux dissolutions de substances *différentes* faites avec le même dissolvant. Dans les conditions expérimentales indiquées, on constate que des échanges de dissolvant pur s'opèrent à travers la paroi ; ils cessent quand les liquides ont atteint la même pression osmotique *par rapport au dissolvant.*

De telles dissolutions qui ne font plus d'échanges osmotiques sont dites *isosmotiques ;* elles ont même pression ou même tension osmotique par rapport au dissolvant ; elles sont *isotoniques.*

Quand l'équilibre n'est pas réalisé, les solutions sont *anisosmotiques ;* elles n'ont pas la même tension osmotiques, elles sont *anisotoniques.* Celle qui a la plus grande pression osmotique est *hypertonique* par rapport à l'autre qui est *hypotonique.* Ces qualificatifs sont dus à Hamburger.

Des dissolutions anisosmotiques font des échanges de liquide jusqu'à ce qu'elles soient isotoniques. L'ISOTONIE est donc la condition d'équilibre en présence des membranes hémiperméables.

Si deux dissolutions sont séparément en équilibre osmotique avec une troisième, elles ont la même pression osmotique que cette troisième ; elles ont donc même pression osmotique, sont isotoniques entre elles ; séparées par une membrane hémiperméable, elles ne subissent aucune modification, quelle que soit la nature des corps dissous.

B. MESURES RELATIVES DES PRESSIONS OSMOTIQUES. — Le problème se résoud ainsi : on recherche les dissolutions qui sont isotoniques par des procédés convenables. Si la pression de l'une d'elles est connue en valeur absolue, toutes les autres le sont aussi.

Recherches sur les cellules végétales. — Les botanistes les premiers ont eu à s'occuper de mesures relatives de pressions osmotiques (De Vriès, 1883).

Nous exposerons leurs recherches à ce sujet.

Une plante est formée de cellules. Chacune de ces cellules est ainsi composée : une enveloppe de constitution cellulosique contient à son intérieur le protoplasme, substance molle non parfaitement homogène renfermant, entre autres produits, des matières salines et sucrées à l'état de dissolution.

L'enveloppe cellulosique est perméable à l'eau et aux corps dissous. La couche externe du protoplasma devient entièrement perméable à ces corps quand la cellule est morte.

Mais durant la vie de la cellule, cette couche externe protoplasmique est « suffisamment imperméable » (de Vriès) aux substances dissoutes pour qu'on la considère comme une membrane hémiperméable.

A l'intérieur du protoplasme on distingue un ou des sacs transparents renfermant le suc cellulaire : ce sont les vacuoles ou *tonoplastes*. La paroi de ces sacs est constituée par la couche limitante interne du protoplasma ; d'après de Vriès, cette vacuole a une existence propre. Il l'isole ainsi : une cellule de *Spirogyra nitida* est immergée dans une dissolution aqueuse de salpêtre à 10 pour 100 colorée par de l'éosine. Dans ces conditions le protoplasma meurt, il devient perméable, il se teint en rouge. Apparaissent alors des vésicules incolores gorgées de liquide : les vacuoles. Les tonoplastes ont résisté aux causes nocives qui tuent le protoplasma. Ils peuvent vivre plusieurs jours après la mort de ce protoplasma.

I. Expériences. — Une expérience facile à réaliser est la suivante :

1° Une plante coupée, fanée, mais cependant vivante, est plongée dans l'eau pure ; au bout d'un certain temps, la plante reprend bonne apparence, elle devient turgescente, rigide.

2° La plante, ainsi traitée, est plongée dans une dissolution saline, de Na Cl par exemple. Suivant la concentration du liquide salin il arrive de deux choses l'une, ou bien la plante conserve son état, ou bien elle se flétrit pour une concentration assez forte.

Examinons alors au microscope les cellules de la plante on les voit turgides, remplies de protoplasma dans le premier cas ; quand la plante est flétrie, la cellule l'est aussi : le protoplasma s'est rétracté vers le centre de la cellule, abandonnant ainsi la paroi cellulosique devenue trop grande pour lui — on dit que la cellule a été plasmolysée.

Hugo de Vriès attribue ces phénomènes au pouvoir attractif pour l'eau, des substances intraprotoplasmiques.

La cellule est placée dans l'eau pure ; ce liquide pénètre dans le protoplasma à travers l'enveloppe — le volume de la cellule augmente, l'enveloppe se tend sa *force élastique* augmente : il y a *turgescence.* L'arrivée de l'eau cesse pour une certaine *tension* de la paroi.

Quand on opère avec une dissolution, d'une part les substances du protoplasma attirent l'eau de la dissolution, mais d'autre part, l'eau de la cellule est aussi attirée par les corps existant dans le liquide extérieur. Si ces deux actions sont égales, on ne verra aucun changement. Si la dissolution est assez concentrée, de l'eau est enlevée au protoplasma ; son volume diminue, sa surface devenue moindre abandonne la partie cellulaire : il y a PLASMOLYSE.

Les deux liquides en présence : cellulaire, dissolution, sont séparés par une membrane suffisamment hémiperméable. Ce que nous avons dit précédemment des rapports entre les pouvoirs attractifs et les pressions osmotiques permet de prévoir les phénomènes.

Si le suc cellulaire est hypertonique du liquide extérieur, il y aura pénétration d'eau dans la cellule : TURGESCENCE. Si le suc cellulaire est isotonique, il n'y aura pas de changement. Enfin, si le suc est hypotonique, il perdra de l'eau en se concentrant : le protoplasma déshydraté se ratatinera, c'est la *plasmolyse.*

En faisant varier la concentration d'une dissolution, on trouvera une concentration limite, trop grande pour provoquer la turgescence, trop faible pour produire la plasmolyse. C'est cette dissolution favorisée qui est en équilibre osmotique avec le suc cellulaire. Il y a *isotonie* entre le suc cellulaire et cette dissolution limite.

II. En pratique, on ne se sert pas d'une plante entière ; on en fait une simple coupe, on en isole quelques cellules, ou bien on se sert d'êtres uni ou paucicellulaires et ce sont ces cellules qu'on observe au microscope, après les avoir bien humectées avec la dissolution étudiée.

Quand la concentration décroît à partir de la dissolution isotonique, la turgescence apparaît, augmente ; pratiquement il n'est pas facile de noter l'apparition de la turgescence. Aussi agit-on autrement : on opère avec des dissolutions de concentration croissante pour produire la plasmolyse. A partir d'une certaine concentration supérieure à la dernière essayée, on constate que le sac protoplasmique abandonne le contact de l'enveloppe cellulaire. La dissolution enlève de l'eau au protoplasme : sa force osmotique, son pouvoir attractif est donc légèrement supérieur à la force osmotique, au pouvoir attractif du liquide protoplasmique.

Sans erreur sensible on peut dire que la première des dissolutions à concentration croissante qui produit la plasmolyse commençante est isotonique du suc de la cellule étudiée.

Par suite, on peut connaître en valeur absolue la pression osmotique que développerait dans la cellule immergée dans l'eau, le suc cellulaire. En effet, la pression osmotique de la dissolution est connue d'après les recherches de Pfeffer. Celle du suc cellulaire lui est égale.

On a trouvé qu'une dissolution de AzO^3Na à 2-3 pour 100 est isotonique du suc cellulaire de Tradescantia ; on en a conclu que la pression osmotique de son suc est de 4 6 atmosphères. La pression osmotique du suc de l'*Elodea canadensis* est la même que celle de AzO^3K à 2 pour 100 environ.

Tension osmotique des cellules. — On a vu précédemment que la pression osmotique *effective* mesurable est la différence entre les pressions à l'intérieur de la cellule osmotique et à l'extérieur. Dans le cas d'une cellule végétale, c'est la tension de la paroi cellulaire qui équilibre la différence des pressions intérieure et extérieure.

1° Quand la cellule est placée dans l'eau, la différence des pressions a sa plus grande valeur : la tension de la paroi cellulaire peut atteindre son maximum.

2° Si les liquides : cellulaire, extérieur, sont isotoniques, ont la même presssion osmotique par rapport à l'eau, la

différence des pressions : interne et externe est nulle. La tension de la paroi cellulaire est minimum.

3° Enfin, si le liquide extérieur est hypotonique, la différence des pressions est intermédiaire entre les deux valeurs précédentes — la tension de la paroi cellulaire est aussi intermédiaire.

Quand, de la concentration connue d'une dissolution isotonique [Az O^3 Na par exemple] on déduit la « pression osmotique » du suc de la cellule étudiée, on trouve une valeur qui concerne la pression osmotique que *présenterait la cellule au contact de l'eau pure* après l'obtention de l'équilibre. Elle n'indique pas la vraie valeur de la tension de la cellule dans la plante ; la cellule dans le végétal n'est pas au contact de l'eau pure ; elle est contiguë à d'autres cellules contenant des liquides de concentration voisine, elle baigne dans des sucs renfermant toujours des substances en dissolution. La pression intracellulaire équilibrée par la tension de l'enveloppe élastique est donc inférieure dans la plante, à la pression trouvée pour la dissolution isotonique en se servant d'un vase de Pfeffer plongeant dans l'eau.

Donc, quand on dit que la pression osmotique du Tradescantia est de 6 atmosphères, il ne faut pas croire qu'il existe *réellement* dans les cellules de ce végétal une pression surpassant de 6 atmosphères la pression extérieure à ces cellules.

D'ailleurs, on peut se demander si, même placées dans l'eau pure, ces cellules pourraient bien présenter de pareilles pressions intérieures et si les membranes ne se rompraient pas avant la réalisation de l'équilibre osmotique !

Depuis de Vriès, de nombreux auteurs, Krabbe, Massart, Tammann, Tswett, Wladimiroff[1], etc., se sont occupés

1883, De Vriès *(CR.* page 1083) Force osmot. des solutions diluées.

1884, De Vriès *(Pringsheim's Jahrb f. Win. Botan.* XIV Eine Methode zur Analyseder Turgorkraft.

1888, De Vriès *(Zeitschr. f. Physikal. Chemie,* II, p. 414 et 440), Osmotische Versuche mit lebenden Membranen.

1889, De Vriès *(Zeitschr. f. physikal Chemie,* III, p 103), Isotosische coefficienten einiger Salze.

1889, Massart, Sensibilité et adaptation des organismes à la concentration des solutions salines *(Archives de Biologie,* Genève, IX, p. 515).

1890, Tammann *(Arch. f. Hygien,* X, p. 89), Ueber das Verhalten, beweglichen Bacterien in Lœsungen von Neutrahalzen.

1891, Massart, Plasmolyse *(Revue générale des sciences).*

1891, Tammann *(Arch. f. das. ges Physiol.,* § 301, 1891), Bemerkungen zu den Versuchen von Nasse über die Ehraltung der Reizbarkeit von Froschmuskeln in Salzlœsungen.

1891, Tammann *(Zeitsch. f. physik. Chemie,* VIII, p. 685) Bemerkungen zu den Versuchen von Nasse über die Erhaltung der Reizbarkeit von Froschmuskeln in Salzlæsungen.

1891, Wladimiroff *(Archiv. f. Hygiene,* § 89), Ueber das Verhalten beweglicher Bakterien in Lœsungen von Neutralsalzen.

1896, Tammann *(Zeitsch. f. physik. Chemie,* XX, 2e p., p. 180), Die Thœtigkeit der Nieren in Lichte der Theorie osmotischen Druckes.

1896, Tswett *(Arch. sciences physiques naturelles,* Genève), Etudes de physiologie cellulaire, t. II, p. 228, 338, 467, 565.

1896, Krabbe *(Jaresber. wissench. Bot.* XXIX, p. 441), Ueber den Einfluss der Temperatur auf die osmotischen Processe lebender Zellen.

de plasmolyse. On a opéré sur de nombreuses cellules : *Begonia*, *Tradescantia discolor*, *Curcuma rubricaulis*, *Elodea canadensis*, *Helianthus annuus*, *Inula hellenium*, *Sambucus nigra*, Bactéries, Flagellés, Infusoires ciliés, Anthérozoïdes de cryptogames, etc., etc.

Examinons les résultats généraux obtenus :

Résultats.— I. Krabbe a trouvé que la vitesse avec laquelle s'établit l'équilibre osmotique entre le suc cellulaire et la dissolution extérieure, varie avec la température. Elle croît quand la température s'élève.

Il attribue ce fait à une modification de la grandeur des pores de la cellule.

II. Tous les sucs cellulaires n'ont pas le même pouvoir osmotique. Une dissolution isotonique d'un suc cellulaire donné est hypo ou hypertonique pour une autre cellule.

III. Une cellule donnée permet de déterminer une série de dissolutions isotoniques faites avec le même liquide et des corps dissous différents.

On cherche par la plasmolyse commençante la dissolution du corps A qui est isotonique du suc de la cellule employée. On fait la même recherche pour les substances B, C, etc...

Les dissolutions limites des corps A, B, C, etc... sont isotoniques ; elles constituent la série dont nous parlions.

En se servant d'une autre cellule, qui possède un pouvoir osmotique différent, on peut obtenir une nouvelle série de solutions isotoniques. Une troisième cellule donnera une troisième série, et ainsi de suite.

Voici un tableau où sont relatées quatre séries de dissolutions

isotoniques; chaque série a été obtenue au moyen d'une cellule particulière. — Les concentrations C sont exprimées en molécules-grammes. PM veut dire : poids moléculaire.

Séries	Az O³ K PM=101,1	Saccharose PM=342	SO⁴K² PM=174
I.	C=0,12	C_1 = —	$C_2$0 [illegible]
II.	— 0,13	— 0,2	— 0,10
III.	— 0,195	— 0,3	— 0,15
IV.	— 0,26	— 0,4	

Si l'on rapporte ces données à 1 molécule d'azotate de K, on a :

I.	C=1 mol	C_1= —	C_2=0,75
II.	— 1 —	— 1,54	— 0,77
III.	— 1	— 1,54	— 0,77
IV.	— 1 —	— 1,54	— —

De l'examen de ce tableau, on tire les indications suivantes :

1° Les dissolutions de chaque série sont isotoniques entre elles. Les concentrations en grammes se calculent facilement. Ainsi dans la série I, on a :

$AzO^3K = 0{,}12 \times 101{,}1 = 12{,}132$ grammes par litre.

$SO^4K^2 = 0{,}09 \times 174 = 15{,}66$ — — , etc.

2° Le deuxième tableau montre que les rapports des concentrations moléculaires isotoniques des diverses substances sont les mêmes dans chaque série. Une molécule Az O^3 K produit dans chaque cas la même action que 1,54 molécule de saccharose, 0,77 environ de SO^4K^2. Ces masses 1 ; 1,54; 0,77 ont donc le même *pouvoir attractif* pour l'eau; elles produiraient la même *pression osmotique* dans la cellule de Pfeffer.

De nombreuses expériences réalisées, il résulte que :

I. Des dissolutions distinctes de Az O^3 K, K Br, K Cl, Na I renfermant des poids de ces substances proportionnels à leur poids moléculaire, sont isotoniques entre elles. Ces dissolutions isotoniques sont équimoléculaires.

Les dissolutions équimoléculaires de substances d'un même groupe chimique, sont en général isotoniques. Ce qui prouve que dans ce cas c'est le nombre *seul* des molécules qui importe.

II. Mais quand on passe d'un groupe à un autre on constate que les dissolutions équimoléculaires ne sont pas toujours isotoniques; elles ne produisent pas le même effet plasmolysant. Il semble, d'après cela, que la nature, la structure de la molécule joue un rôle dans le phénomène, et que n'importe pas seulement le poids de la molécule.

Les exemples suivants le prouvent parfaitement. Les molécules d'asparagine et de sulfate d'ammonium ont le même poids 132. Pour produire le même effet plasmolysant, il faut moitié moins de sulfate ammonique que d'asparagine. Malgré que le poids moléculaire 120 du sulfate de magnésium soit très voisin de 119,1 poids moléculaire du bromure de potassium, il faut beaucoup plus du premier corps que du second pour une plasmolyse identique. Les exemples du tableau ci-dessus sont aussi démonstratifs : 1 molécule AzO^3K ; 1,54 molécule saccharose; 0,77 molécule SO^4K^2 ont la même action plasmolysante.

Coefficients isotoniques. — De Vriès fut amené à rapporter l'effet produit par une dissolution donnée aux molécules *introduites* en dissolution. Dans une dissolution, chaque molécule a la même action partielle; l'effet total observé résulte de la somme de toutes les actions partielles; l'action de chaque molécule, c'est-à-dire son pouvoir attractif pour l'eau, sa pression osmotique possible sont en raison inverse du nombre des molécules contenues dans la dissolution.

Soient des dissolutions différentes qui produisent la

plasmolyse d'une même cellule, qui sont isotoniques ; on a le même effet total, dû à un nombre, en général différent de molécules ; l'action partielle moléculaire dans chaque dissolution est en raison inverse du nombre des molécules de la dissolution. Si l'on compare ces actions partielles, on obtient un système de nombres proportionnels ; de Vriès appelle ces nombres les *coefficients isotoniques.*

Ils représentent : les rapports des pouvoirs attractifs pour l'eau des molécules de substances différentes ; les rapports des pressions osmotiques pouvant être exercées par des dissolutions qui renferment un même nombre de molécules.

Nous donnons les coefficients isotoniques déterminés par de Vriès [1], ils sont valables pour des dissolutions *très diluées*, contenant environ 1 pour 100 de corps dissous :

1er Groupe :

Sucre de canne	$C^{12}H^{22}O^{11}$	1,9
— interverti	$C^{6}H^{12}O^{6}$	1,9
Acide malique.	$C^{4}H^{6}O^{5}$	2
— tartrique	$C^{4}H^{6}O^{6}$	2
— citrique	$C^{6}H^{8}O^{7}$	2

2e Groupe :

Azotate de K	$AzO^{3}K$	3
— de Na	$AzO^{3}Na$	3
Chlorure de K	KCl	3
— de Na	$NaCl$	3,05
Chlorure de AzH^{4} . . .	$AzH^{4}Cl$	3
Acétate de K	$C^{2}H^{3}O^{2}K$	3
Citrate acide de K . . .	$KH^{2}C^{6}H^{5}O^{7}$	3,05

[1] *C. R. Acad.* (97, p. 1083, 1883).

3e Groupe :

Oxalate de K	$K^2C^2O^4$	3,9
Sulfate de K	K^2SO^4	3,9
Phosphate de K	K^2HPO^4	4
Tartrate de K.	$K^2C^4H^4O^6$	4
Malate de K	$K^2C^4H^4O^5$	4,1
Citrate de K	$K^2HC^6H^5O^7$	4,1

4e Groupe :

Citrate neutre de K . . .	$K^3C^6H^5O^7$	5

5e Groupe :

Malate de Mg.	$MgC^4H^4O^5$	1,9
Sulfate de Mg.	$MgSO^4$	2

6e Groupe :

Citrate de Mg.	$Mg^3(C^6H^5O^7)^2$	3,9
Chlorure de Mg	$MgCl^2$	4,3
Chlorure de Ca	$CaCl^2$	4,3

Ce tableau nous montre que les coefficients isotoniques des substances étudiées ont à peu près la même valeur pour les corps d'un même groupe. Ces valeurs sont pour ces divers groupes à peu près dans le rapport 2 : 3 : 4 : 5, ainsi qu'on le voit dans le résumé suivant :

I.	*Corps organiques.*	2
II.	*Sels alcalins à 1 atome de métal*	3
III.	— 2 —	4
IV.	— 3 —	5
V.	*Sels alcalino-terreux dérivés d'une molécule d'acide*	2
VI.	— *de deux* —	4

Les sels neutres ou acides des acides organiques ou minéraux obéissent aussi à ces règles. Les acides minéraux libres et les bases libres ne sont pas étudiés facilement par cette méthode.

De Vriès fait remarquer que, pour les sels examinés, le coefficient isotonique est égal à la somme des coefficients partiels de toutes les parties composantes. Ces coefficients partiels étant :

Pour les acides.		2
—	métaux alcalins . . .	1
—	— alcalino-terreux	0

De là suit que l'on peut calculer les coefficients isotoniques des combinaisons non encore étudiées, mais appartenant à des groupes connus. Ainsi : oxalate acide de K a pour coefficient $1 + 2 = 3$; oxalate neutre de K (2 K) a pour coefficient $2 \times 1 + 2 = 4$.

« Les coefficients isotoniques laissent apercevoir une analogie frappante avec les abaissements moléculaires du point de congélation des dissolutions aqueuses, déterminés par M. Raoult... » (De Vriès).

Et cette analogie, justement, amène à faire le raisonnement suivant, semblable à celui accepté pour : la congélation des dissolutions, etc... *Toutes les molécules dissoutes ont la même action plasmolysante, le même pouvoir osmotique ; exercent la même pression osmotique. On note des différences, parce qu'on rapporte les résultats observés aux molécules chimiques introduites, et que ces molécules chimiques dans l'eau ont des sorts différents : polymérisation, dissociation.*

Massart donne les coefficients isotoniques suivants :

Urée, asparagine, dextrose, glycérine	2
Saccharose, lactose, sulfate de Mg.	

Chlorures de K; Na; AzH^4	3
Azotates de K; Na; AzH^4.	
Chlorate de K. Bromure de K. Cyanure de K. Iodure de K	
Carbonates de Na, K, AzH^4.	4
Sulfates de Na, K, AzH^4.	
Phosphates de Na, K	
Sulfite de Na	
Tartrate, oxalate de K	
Azotate de Ca	
Citrate de lithium	5

Ces valeurs concordent remarquablement avec celles de de Vriès.

Application. — Proposons-nous d'obtenir des dissolutions aqueuses : de saccharose, Na Cl, So^4 K^2 isotoniques avec la dissolution de AzO^3 K à 1,01 0/0 (1/100 de molécule pour 100 d'eau).

On a les données suivantes :

Na Cl . .	poids moléculaires	58,5	Coefficients isotoniques.	3
AzO^3K .	—	101,1	— .	3
SO^4K^2 .	—	174	— .	4
Saccharose	—	342	— ,	2

Les coefficients isotoniques, avons-nous dit, sont proportionnels aux pressions osmotiques que possèdent des dissolutions équimoléculaires. Les dissolutions seront isotoniques, auront même pression osmotique, quand elles renfermeront un nombre de molécules inversement proportionnel au coefficient isotonique de la substance dissoute.

Le rapport du coefficient isotonique de saccharose et AzO^3K étant $\frac{2}{3}$; des dissolutions de ces corps seront isotoniques, si les molécules qu'elle contiennent sont dans le rapport $\frac{3}{2}$.

On aura donc pour l'isotonie :

Concentration moléculaire de saccharose $= \frac{3}{2}$; d'où l'on tire : -

$$\frac{\text{Concentration moléculaire de Az } O^3 \text{ K.}}{\text{Concentration moléculaire de saccharose}} = \text{Concentration moléculaire de Az } O^3 \text{ K} \times \frac{3}{2} = \frac{1}{100} \times \frac{3}{2}$$

De même, on aurait :

$$\text{Concentration moléculaire de Na Cl} = \frac{1}{100} \times \frac{3}{3}$$

$$\text{— — } S O^4 K^2 = \frac{1}{100} \times \frac{3}{4}$$

En poids, on aurait pour :

$$\text{Dissolution de saccharose} = \frac{1}{100} \times \frac{3}{2} \times 342 = 5^{gr}18 \text{ 0/0}$$

$$\text{— Na Cl} = \frac{1}{100} \times \frac{3}{3} \times 58{,}5 = 0^{gr}585$$

$$\text{— } S O^4 K^2 = \frac{1}{100} \times \frac{3}{4} \times 174 = 1^{gr}305$$

Recherches sur les cellules animales. — Les membranes animales permettent le passage et les échanges des liquides. Les animaux présentent des phénomènes qui rappellent la plasmolyse des végétaux. Ainsi, une grenouille plongée dans une dissolution saline concentrée y meurt, elle a perdu la moitié de son poids (P. Bert), par une sorte de déshydratation de ses tissus. On s'est demandé si ce phénomène obéit aux mêmes lois que la plasmolyse chez les végétaux.

De pareilles recherches sont difficiles. La cellule

animale est souvent très petite, et par suite, ne se prête pas bien à l'observation de la plasmolyse.

Quand la cellule animale est morte, elle devient perméable au même titre que la cellule végétale morte. La cellule vivante est perméable à l'eau et à un grand nombre de substances dissoutes, davantage perméable que la cellule végétale; il ne saurait donc être question ici d'une hémiperméabilité rigoureuse. Les lois de l'hémiperméabilité ne sont donc pas ici rigoureusement applicables[1].

C'est en recherchant si les cellules animales se comportent comme les cellules végétales au contact des dissolutions qu'Hamburger a trouvé une méthode permettant, dans certains cas, de comparer les pressions osmotiques des dissolutions.

Résumons ces recherches pour ce qui intéresse notre sujet :

I. Quand on fait agir sur certaines hématies une dissolution concentrée d'un sel, on constate une diminution du volume de ces globules. C'est une sorte de plasmolyse ; elle n'est bien nette qu'avec les globules de grenouille.

En opérant avec des liqueurs de concentration croissante, on trouve la dissolution qui la première produit l'altération.

Pour AzO^3K, c'est une dissolution à 1,09 pour 100.

Pour $NaCl$, la concentration est de 0,64 pour 100.

La saccharose à 5,59 pour 100 agit de même.

Or ces dissolutions qui agissent identiquement sont isotoniques d'après de Vriès. Les globules de grenouille paraissent se conduire comme les cellules végétales.

[1] Voir page 86.

II. Hématolyse. Laquage du sang. — Des globules rouges sont placés dans des dissolutions d'une même substance, de concentration différente.

Après agitation, on laisse reposer et on observe en général que certaines dissolutions les plus concentrées sont restées incolores, les autres sont plus ou moins rouges. La couleur rouge est due à l'hémoglobine qui a diffusé du globule dans ces liquides; la diffusion est d'autant plus grande que la dissolution est moins concentrée; elle est maximum avec de l'eau pure.

En opérant avec des concentrations croissantes, Hamburger détermine la dissolution qui commence à provoquer la sortie de l'hémoglobine, qui effectue l'*hématolyse* ou le *laquage* du sang.

Il fait la même recherche pour des dissolutions d'autres substances, il trouve ainsi des dissolutions-limites; il en compare les concentrations; il voit qu'elles sont dans le même rapport que les concentrations isotoniques déterminées par de Vriès.

La méthode de l'*hématolyse* peut donc comme la méthode plasmolytique de de Vriès permettre de trouver des dissolutions isotoniques.

Voici quel est suivant Hamburger le mécanisme de l'hématolyse. Le globule rouge fait des échanges de substances avec la dissolution : il est perméable; des substances sortent du globule, tandis que d'autres y pénètrent en quantité osmotiquement équivalente : la substance intraglobulaire garde une pression osmotique constante, le « pouvoir hydrophile de ces globules reste constant ».

Mais pour une dissolution assez peu concentrée, l'eau pénètre abondamment dans le globule qui se distend; la matière colorante peut alors sourdre du globule et se diffuser dans le liquide, c'est l'hématolyse. Elle commence à se produire, dit Hamburger, quand il y a *isotonie* entre la dissolution et la substance intraglobulaire[1].

Technique. — Soit à comparer les corps A, B. C.

Avec chacune de ces substances on fait une série de dissolutions aqueuses de concentrations régulièrement décroissantes contenant par exemple 1 gr. 1 ; 1,08 ; 1,06, etc., pour 100.

20 centimètres cubes des dissolutions de la série A sont placés séparément dans des tubes-éprouvettes. On ajoute dans chaque tube 2 centimètres cubes de sang de bœuf défibriné. On agite et laisse reposer. Au bout d'un certain temps, une heure par exemple, on observe les liquides. Pour les concentrations fortes les globules sont disposés au fond du tube, le liquide surnageant est incolore. A partir d'une certaine concentration, toutes les liqueurs plus faiblement concentrées sont rosées, rouges.

La dissolution rose la moins colorée est la dissolution limite qui la première a provoqué l'hématolyse. On constate qu'une dissolution AzO^3K à 1,02 pour 100 reste incolore, tandis que celle à 1 pour 100 est colorée.

Les mêmes recherches sont faites pour les séries B, C ; on détermine ainsi pour chacun des corps étudiés deux dissolutions très voisines dont l'une est demeurée incolore, l'autre s'étant rougie par suite de l'hématolyse. On prend la moyenne de ces deux dissolutions voisines ; ces moyennes indiquent les concentrations isotoniques de A, B, C.

Les résultats fournis par cette méthode concordent assez bien avec ceux de de Vriès. C'est ce que montre le tableau ci-dessous :

[1] Dastre, Isotonie et résistance au laquage du sang *(Société de Biologie*, p. 146, 1898. — Hamburger, Isotonie des globules rouges *(Rev. gén. des Sciences*, 1893) et Thèse Bousquet pour bibliographie ayant trait à l'hématolyse, et à la méthode : *hématocrite*, peu correcte, dont nous ne parlons pas.

Substances dissoutes dans H^2O.	CONCENTRATION Trop forte Le liquide surnageant est incolore.	Trop faible Le liquide est coloré en rouge.	Moyenne admise.	Isotoniques d'après de Vriès.	Coeffic. isotoniques
—	—	—	—	—	
Azotate de K . .	1,02 °/₀	1 °/₀	1,01 °/₀	1,01 °/₀	
Na Cl	0,6	0,58	0,59	0,585	
SO^4 K^2. . . .	1,16	1,06	1,11	1,305	
Saccharose. . .	6,29	5,63	5,96	5,13	
Acétate de K . .	1,072	1,003	1,03	0,98	
Oxalate de K . .	1,27	1,18	1,225	1,215	
SO^4 Mg, 7 H^2 O .	3,52	3,26	3,39	3,69	
SO^4 Mg. . . .	1,84	1,72	1,78	1,80	
Ca Cl^2 fondu . .	0,853	0,774	0,813	0,832	
K I.	1,71	1,57	1,64	1,66	— 3
Na I.	1,54	1,47	1,505	1,50	— 3
K Br.	1,22	1,13	1,175	1,19	— 3
Na Br	1,06	0,98	1,02	1,03	— 3
Mg Cl^2, 6 H^2 O .	1,58	1,47	1,525	1,522	— 4
Ba Cl^2, 2 H^2 O .	1,87	1,75	1,81	1,83	— 4

D'après Hamburger[1], cette méthode est plus précise que celle de de Vriês. En effet, dit-il, elle permet de déceler des différences de concentration correspondant à une solution de Na Cl à 0 gr. 005 pour 100, tandis que la méthode plasmolytique ne permet qu'une approximation de 0 gr. 05 pour 100. Mais il faut savoir :

1° Que les hématies s'altèrent au bout d'un certain temps et que l'hématolyse n'est plus correcte. Il faut opérer aseptiquement (Vaquez[2]) ;

2° Que l'action des gaz : O ; CO^2, modifiant la perméa-

[1] Détermination de la tension osmotique des liquides albumineux, Index bibliograph. *(Revue de Médecine*, 1895).

[2] *Comptes rendus Société de Biologie*, 1897, p. 990.

bilité du globule, modifie l'apparition de l'hématolyse commençante ;

3° Que certaines substances telles que : urée, glycérine, acide borique, AzH^4Cl, etc., agissent sur les globules en provoquant l'hématolyse aussi bien en dissolution concentrée qu'en dissolution diluée. Par suite, la méthode de Hamburger ne permettra pas de trouver les dissolutions de ces corps qui sont isotoniques avec AzO^3K par exemple.

De telles substances se conduisent absolument comme l'eau par rapport aux hématies. Et Grijins[1] a montré que les corps normaux, AzO^3K, $NaCl$, etc., agissent avec la même intensité, qu'ils soient placés dans l'eau ou dans une dissolution d'urée. Autrement dit, si c'est la dissolution aqueuse à 1 gr. 01 pour 100 de AzO^3K qui produit l'hématolyse, la liqueur faite en ajoutant 1 gr.01 pour 100 de AzO^3K à une dissolution plus ou moins concentrée d'urée produira aussi l'hématolyse des mêmes globules sanguins.

Autres résultats. — Le titre de la dissolution d'un corps donné, qui provoque l'hématolyse d'un certain sang, ne convient pas pour tous les sangs.

Ainsi, pour obtenir l'hématolyse avec AzO^3K, il faut des dissolutions contenant :

1 gramme	pour 100	quand il s'agit	du sang de	bœuf, cochon.
0,741	—	—	—	oiseau.
0,669	—	—	—	poisson d'eau douce
0,302	—	—	—	grenouille.

[1] Ueber den Einfluss gelœster Stoffe auf die rothen Blutzellen in Verbindung mit den Encheinungen der Osmose und Diffusion (*Archiv. f. das ges. Physiol.*, LXIII, p. 86-118, 1896).

Chacun de ces sangs différents permettra d'obtenir une série de dissolutions de corps divers, qui seront isotoniques. En comparant ces diverses séries, on constate que les rapports des concentrations des substances différentes sont identiques dans toutes les séries, ce qui montre que la molécule des corps agit de la même façon dans les diverses séries : le coefficient isotonique demeure constant.

II. Quand on recherche l'action à différentes températures d'un corps déterminé sur des hématies données, on constate que, si la température s'élève il faut employer pour provoquer l'hématolyse une dissolution plus concentrée. Cela a lieu pour toutes les substances étudiées. Mais pour les mêmes variations de température les concentrations nécessaires des diverses substances croissent dans le même rapport, ce qui veut dire : 1° que le coefficient isotonique est invariable dans les limites de l'expérience ; 2° que des solutions isotoniques à une certaine température le sont encore à une autre température. C'est ce qui *semble* résulter des déterminations de Donders et Hamburger[1] faites à 0 et 34 degrés sur des dissolutions aqueuses de AzO^3K, NaCl, sucre.

Applications. — Soit une dissolution ; on veut connaître la pression osmotique qu'elle développerait dans une cellule osmotique au contact de l'eau pure. Que faire ?

1° On peut mesurer directement π par la méthode de Pfeffer ou Ponsot. Mais l'opération est longue, difficile ;

[1] Donders et Hamburger, *Onderzœkingen gedean in het physiolagisch Laboratorium der Utreschtsche Hoogeschool* (3) IX, 26. — Les résultats relatés *in Arch. néerl.*, 1885, par Van t'Hoff, sont équivoques.

2° On peut déterminer cette pression, en général, par la plasmolyse ou l'hématolyse.

A. *Plasmolyse.* — On fait des dilutions convenables du liquide donné ; on cherche la dilution qui amène la rétraction du sac protoplasmique d'une cellule végétale choisie pour l'expérience. La cellule correspond à une pression osmotique connue; c'est la pression osmotique de la liqueur isotonique plasmolysante. On a facilement ensuite la valeur π de la dissolution originelle.

Exemple : Supposons que ce soit la dilution : 5 centimètres cubes liquide + 2 cc. 4 d'eau qui provoque le phénomène de plasmolyse ; cette dilution possède la pression osmotique de la cellule, soit p.

La substance active des 5 centimètres cubes de liqueur est contenue dans $5 + 2,4 = 7$ cc. 4 de liquide ; elle exerce la pression p. Si elle occupait le volume de 1 centimètre cube elle produirait une pression 7,4 fois plus grande ou 7,4 p.

Dans les 5 centimètres cubes de dissolution originelle elle exerce la pression $\pi = \frac{7,4}{5} p$. C'est la pression cherchée.

B. *Hématolyse.* — On opère d'une manière semblable, la réaction limite dans ce cas étant la diffusion de l'hémoglobine.

Mais ces méthodes ne sont pas applicables quand les substances dissoutes altèrent les cellules. L'hématolyse ne peut servir si le liquide est coloré, s'il renferme des corps tels que l'urée qui produit la sortie de l'hémoglobine en dissolution de concentration quelconque.

En résumé : 1° Une membrane est hémiperméable quand, laissant passer le dissolvant, elle arrête les corps dissous.

L'hémiperméabilité n'est pas absolue; certaines substances sont arrêtées par la membrane, mais d'autres ne le sont pas.

2° La pression osmotique peut être mise en évidence de différentes façons, mesurée par un manomètre, une pression hydrostatique, la tension d'une membrane élastique.

3° On a fait des mesures absolues de π (Pfeffer-Ponsot). On fait des mesures relatives en se servant de cellules vivantes.

Avec les cellules végétales le réactif employé est la *plasmolyse* (de Vriès). Avec les cellules animales le réactif employé est l'*hématolyse* (Hamburger) ou *laquage* du sang. Ces méthodes ne sont pas toujours applicables.

4° La pression osmotique croît avec la concentration, avec la température.

Elle n'est pas indépendante de la pression extérieure.

5° Des dissolutions équimoléculaires de substances organiques (à fonction chimique peu accusée) ont même pression osmotique.

Des dissolutions salines équimoléculaires ne sont pas toujours isotoniques. La pression osmotique d'un sel est la somme des pressions partielles dues à ses constituants (*ions*).

6° Deux dissolutions isotoniques à une température le sont aussi à une autre température (Hamburger).

7° On pourrait faire l'hypothèse suivante : Les molécules physiques dans la dissolution ont toutes la même action au point de vue osmotique.

On expliquerait les différences d'action des dissolutions faites avec le même nombre de molécules de corps différents par une inégale dissociation des molécules introduites dans le liquide.

CHAPITRE IV

THÉORIE DES DISSOLUTIONS

On a vu que les lois expérimentales des dissolutions concernant la congélation, la tension de vapeur, la pression osmotique, ne s'appliquent pas à toutes les substances.

Les corps organiques à fonction chimique peu accentuée suivent ces lois quel que soit le dissolvant employé.

Les substances salines : sels, acides, bases suivent en général ces lois quand on emploie un autre dissolvant que l'eau. Mais ces lois cessent d'être directement applicables quand ces corps salins sont en dissolution aqueuse.

La plupart des expérimentateurs pensent que les *lois du phénomène sont absolument générales*, les *anomalies* observées ne *sont qu'apparentes*.

Ces anomalies existent parce qu'on rapporte les phénomènes observés aux molécules introduites dans le liquide : il faudrait pour que la loi s'appliquât, rapporter les phénomènes aux particules existant réellement dans la dissolution ainsi faite : les auteurs pensent que les substances salines introduites dans l'eau y subissent des transformations. Les *molécules physiques* ne sont pas forcément les *molécules chimiques* ordinaires de poids moléculaire connu. Ce sont parfois des particules plus compliquées : d'autres fois plus simples : appelons *monades*, ces particules plus ou moins complexes du corps dissous.

L'étude de la nature des corps dans les dissolutions est, comme dit Reychler[1], « le *problème de prédilection de la chimie moderne* ». On ne peut que faire des hypothèses[2] sur la nature de ces corps — mais ces hypothèses sont utiles : elles permettent d'expliquer les phénomènes : elles ont une valeur objective indiscutable — ce sont comme « les instruments de la science » qu'il faut employer quand ils conviennent et modifier, quand ils sont usés par la découverte de faits nouveaux que n'explique plus l'hypothèse jusqu'alors admise.

La molécule des chimistes est celle qui correspond en général au poids moléculaire des corps gazeux. La *molécule physique* n'est pas nécessairement cette molécule chimique.

Les gaz présentent déjà de ces différences. L'étude de leurs densités prouve que, dans certains cas, la molécule physique constitutive est formée de la condensation, de la polymérisation de plusieurs molécules chimiques ; que, dans d'autres cas, elle résulte de la désagrégation de la molécule chimique, de sa *dissociation*.

On est conduit à admettre que les molécules des liquides sont formées parfois de la gémination de molécules chimiques[3].

[1] *Loc. cit.*

[2] Duhem, Théorèmes généraux sur l'état des corps en dissolution (*Journ. de Phys.*, 1894, t. III, p.49 et *Travaux de Lille*, 1893.

[3] Voir p. 24.

Considérons maintenant les corps en dissolution :

Sous quelle forme existent-ils ? On ne le sait pas exactement. Les travaux nombreux accumulés sur ce sujet ne permettent cependant pas de conclure fermement.

Le corps, quel que soit son état, solide ou gaz, devient liquide au contact du dissolvant, puis par diffusion ou par tout autre mode se répand uniformément dans la masse liquide (Kirchhoff). Telle est l'idée représentative que l'on se fait parfois de la dissolution. Mais quelle est la nature des particules ainsi formées ? Les cas suivants sont possibles :

I. Le corps existe à l'état de molécule chimique simple.

II. Le corps se combine au dissolvant. La combinaison formée se mêle au solvant en excès.

Avec l'eau, par exemple, il y aurait pour certains corps formation d'hydrates. L'état d'hydratation du corps pouvant varier avec la température et la concentration (Berthelot, Mendeléeff, Raoult).

III. La molécule dissoute résulte de la condensation de deux ou plusieurs molécules chimiques simples. Ce sont des complexes, des *Tagmas* (Pfeffer, Raoult, Ramsay, Wyrouboff).

IV. La molécule chimique est altérée par la dissolution.

1° Des sels doubles deviennent mélange de sels simples (Rudorff) [1].

2° La molécule est scindée. — C'est la dissociation en particules plus simples.

Dissociation. — Tous les auteurs n'admettent pas la dissociation, elle est hypothétique. En tout cas, elle est

[1] *Bulletin Société chimique*, 1888, t. I, p. 619.

très commode pour expliquer les phénomènes. Nous l'admettrons, cette remarque étant faite.

Les corps dissociables sont ceux que décompose le courant électrique : ce sont des *électrolytes*. Sous l'action d'un courant électrique, les électrolytes se montrent décomposés, électrolysés ; ils se divisent en groupements nommés *ions* qui apparaissent libres sur les *électrodes*. Celui qui vient sur l'électrode positive ou anode se nomme anion ou radical électro-négatif; l'autre qui se montre au pôle négatif ou cathode est le cathion ou radical électro-positif.

Le transport de l'électricité paraît lié au déplacement de ces *ions*[1]. On admet qu'un *ion* transporte toujours la même charge électrique. Une molécule saline paraît transporter le courant parce qu'elle donne naissance à des *ions* conducteurs.

Si l'on rapporte à la molécule saline l'électricité transportée, on a à considérer la *conductibilité moléculaire*. L'expérience montre que la conductibilité moléculaire augmente avec la dilution de la solution.

D'où ce raisonnement : La quantité d'électricité transportée est plus grande, donc le nombre d'*ions* actifs est augmenté; la formation de ce plus grand nombre d'*ions* est liée à la dilution : il y a dissociation[2].

I — S. *Arrhénius* (1887[3]) admet cette hypothèse: *L'eau*

[1] *Eclairage électrique*, 1895, conférences de M. Janet, t. IV-V.

[2] Guye, Dissociation électrolytique *(Dictionnaire de Wurtz*, 2e supplément). — Traube, Pression osmotique et dissociation électrolytique *(J. Physique*, 1898, p. 117).

[3] *Journal de Physique*, 1888, p. 178.

dissocie les électrolytes en leurs ions : ces *ions* sont libres dans le liquide. Leur nombre croît avec la dilution, c'est pour cela qu'augmente la conductibilité électrique rapportée aux molécules *introduites* en dissolution.

Si l'on admet cette hypothèse, certains faits s'expliquent. Quand on fait en chimie analytique des recherches qualitatives sur les corps en dissolution, on constate :

1° Que des éléments sont décelables par les réactifs quand ils entrent dans telle combinaison; 2° qu'ils sont indécelables quand ils font partie de certaines autres combinaisons.

Voici, d'après Ostwald[1], la raison de cette différence. Nos réactifs chimiques caractérisent les ions. On les décèle si la combinaison qui les contient est dissociée; on ne les met pas en évidence tant que la combinaison persiste.

A. Mais, avec cette hypothèse des ions libres, on est conduit à leur attribuer des propriétés différentes de celles que possèdent réellement les éléments chimiques libres.

K *ion* n'aurait pas les propriétés de K *élément*.

B. De plus, l'hypothèse des ions libres est en désaccord avec les données de la thermochimie[2].

II. — La dissociation *ne donne pas d'ions libres*, car ces ions réagissent sur l'eau et entrent en relation avec

[1] Oswald traduit par Charpy, p. 310. *Constit. des électrol.*

[2] Reychler, *loc. cit.*, p. 220 ; *Bulletin Société chimique*, 1892, t. I, p. 812.

ses éléments constituants ; c'est l'hypothèse de Reychler.

Ex : Na Cl en dissolution aqueuse donne :

$$\overset{+}{Na}\,\overset{-}{Cl} + HOH = \overset{+}{Na}OH + H\overset{-}{Cl}$$

on a, deux molécules : Na OH, HCl et non 2 ions : Na, Cl.

Mais comme les corps : acides et bases, éprouvent aussi une dissociation dans l'eau, M. Reychler est amené à faire cette autre remarque. L'eau n'est pas un électrolyte, mais elle peut le devenir quand elle a été *ionisée*, c'est-à-dire quand elle a subi la réaction suivante :

$$1.\quad \overset{+}{Na}\,\overset{-}{OH} + HOH = \overset{+}{Na}OH + \overset{-}{HOH}$$

base libre en solution eau *acide*

Une molécule de soude par dissociation hydrolytique produit deux molécules : $\overset{+}{Na}OH$ et $\overset{-}{HOH}$ *ionisée*.

$$2.\quad \overset{+}{H}\overset{-}{Cl} + HOH = H\overset{-}{Cl} + \overset{+}{HOH}$$ eau *basique*

L'eau ainsi ionisée joue le rôle d'un ion.

Cette théorie a l'avantage de ne pas être en désaccord avec les données thermo-chimiques [1].

Dissolutions des colloïdes. — Les substances colloïdes en dissolution aqueuse *donnent de faibles abaissements moléculaires du point de congélation*, produisent des *pressions osmotiques faibles* (Linebarger [2]).

Cela amène à penser que leurs molécules physiques sont très complexes.

[1] Reychler, *loc. cit.*

[2] *American journal of science*, t. XLIII, p. 218 et p. 427, 1892. Nature des solutions colloïdales, pression osmotique.

Les dissolutions des cristalloïdes sont homogènes, en ce sens que leurs molécules sont bien isolées et séparées par des molécules d'eau.

Pour Ostwald, les dissolutions de corps colloïdes sont des mélanges mécaniques imparfaits. Leurs dernières particules sont des molécules chimiques polymérisées répandues entre les molécules d'eau[1]. Ce sont des *pseudo-solutions* (Linder, Picton[2], Duclaux[3]). Tandis que les dissolutions des cristalloïdes sont stables, celles des colloïdes ne le sont pas (Grimaux[4]).

Ces dissolutions, à un moment donné, sont « sensibilisées » (Duclaux) et *(a)* par l'addition d'une trace de substance étrangère, *(b)* par une variation de température, *(c)* ou simplement sous l'influence du temps elles se coagulent, c'est-à-dire qu'elles se prennent en « une masse plus ou moins solide, molle et élastique dans certains cas; plus ou moins friable dans d'autres, mais ayant pour caractère général d'englober une forte proportion d'eau ou de dissolvant employé ». (Duclaux[5].)

On a une sorte d'éponge formée de trabécules plus ou moins imbibées de liquide. « Mais, avec le temps se fait la séparation du liquide et du solide, même dans les coagulums les plus élastiques et les plus mous. »

[1] *Bulletin Société chimique*, t. XVI, p. 1342, 1896. Sur une théorie des solutions colloïdales, F. Krafft.

[2] *Bulletin Société chimique*, 1895, t. XIV, p. 147 ; 1897, t. XVIII, p. 977.

[3] *Traité de Microbiologie*, 1899, t. II, p. 96.

[4] *Revue scientifique*, 1885. Solutions colloïdales.

[5] *Traité de Microbiologie*, 1899, t. II, p. 256.

On peut faire ce raisonnement : Un corps est en dissolution quand ses molécules (chimiques, ions ou complexes) sont libérées de leurs attractions mutuelles (cohésion). Elles sont liées aux molécules dissolvantes par des forces d'adhésion plus grandes que celles qui les tenaient réunies dans le solide.

Si ces forces viennent à varier sous des influences que nous ne précisons pas, les forces attractives entre les molécules hétérogènes diminuent ou les forces attractives entre les molécules dissoutes augmentent. Les molécules en dissolution se réuniront entre elles plus ou moins vite. De ce fait résulteront des agrégats moléculaires. Ces agrégats peuvent ne pas être visibles au microscope ; on pourra cependant les mettre en évidence[1]. Le phénomène s'accentuant, les agrégats augmentent. Le liquide bleu par réflexion devient blanchâtre laiteux. L'homogénéité persiste, le liquide est uniformément trouble. Si les agrégats grossissent encore, ils deviennent visibles au microscope, puis à l'œil nu. Et peu à peu tout le solide apparaît, formant un réseau spongieux emprisonnant le liquide.

D'après Duclaux, c'est par ce mécanisme de coalescence des particules dissoutes que s'opérerait la coagulation.

THÉORIE CINÉTIQUE DES DISSOLUTIONS (Van t'Hoff). — Pour Van t'Hoff, les molécules d'un corps en dissolution sont *comparables* aux molécules d'un gaz. *Le dissolvant n'est qu'un espace libre inerte offert aux molécules dissoutes.* Inversement, un gaz n'est qu'une dissolution de molécules gazeuses dans le vide.

Dans la théorie de Van t'Hoff, les molécules dissoutes sont animées de vitesses diverses ; ces molécules choquent les parois des récipients ; une pression en résulte : la pression osmotique.

Les lois des gaz doivent s'appliquer aux molécules en

[1] Voir p. 27.

solution avec les mêmes restrictions : PV = RT. Ce sont des lois limites. Elles s'appliquent à des *gaz parfaits*, elles concernent les « *solutions idéales* » dont les solutions réelles se rapprochent d'autant plus que la dilution est plus grande.

« Aussitôt que la concentration soit dans les gaz, soit dans les corps dissous est telle que l'action mutuelle des particules n'est plus négligeable, on sait que dans le premier cas des déviations se font sentir et, de même, le raisonnement sur lequel se basent, pour les solutions, les lois déduites, ne peut plus être accepté dans ces circonstances. » (Van t'Hoft.)

Les anomalies prévues par Van t'Hoff[1] se produisent en effet ainsi qu'il résulte des recherches récentes effectuées par Goodwin et Burgen[2].

Comment expliquer la pénétration de l'eau dans un vase hémi-perméable renfermant une dissolution ?

1° En considérant les actions moléculaires, on peut dire : l'eau imbibe la paroi. Les particules dissoutes attirent cette eau, le volume de la dissolution ne pouvant beaucoup augmenter, la pression augmente ;

2° Avec la théorie de Van t'Hoff, le raisonnement est le suivant : De même que dans un mélange gazeux, la pression totale est la somme des pressions partielles, ainsi, dans une dissolution, la pression est la somme des pressions partielles dues aux dissolvant et corps dissous.

L'eau qui entoure le vase de Pfeffer est à la pression

[1] *Archives néerlandaises*, 1885 (*loc. cit.*).

[2] *The physical Review*, VII, 1898 ; *Journ. de Physique*, 1899.

extérieure ; ses molécules équilibrent la tension superficielle du liquide et la pression extérieure.

Avant l'expérience, la dissolution est soumise aussi à la pression extérieure, mais l'effet est supporté : 1° par le dissolvant ; 2° par le corps dissous. — Donc, dans cette dissolution, la tension de l'eau est plus faible que la tension de l'eau à l'extérieur du vase.

Pour que l'équilibre ait lieu, il faut que la tension de l'eau soit la même des deux côtés de la membrane perméable à l'eau : un courant liquide se produit allant de l'extérieur à l'intérieur du vase. Il cesse quand les tensions de l'eau sont égales *intus et extra*. La tension de la dissolution est toujours la somme des tensions partielles de l'eau et du corps dissous ; la pression intérieure surpasse donc la pression extérieure de la tension du corps dissous. Ainsi est mise en évidence sa *pression osmotique*.

La pression osmotique augmente avec la concentration, avec la température, parce que la tension partielle due au corps dissous augmente aussi.

Lois de la pression osmotique. — I. A température constante, la pression osmotique exercée par une substance dissoute est en raison inverse du volume liquide

$$\frac{\pi^1}{\pi} = \frac{V}{V^1}\,;\ \pi V = \pi^1 V^1 = \text{Constante}.$$

II. Si le volume de la dissolution reste constant, la pression osmotique croît avec la température suivant la relation $\pi_t = \pi_0 \left(1 + \frac{1}{273}\,t\right) = \pi_0 \left(\frac{273+t}{273}\right) \frac{\pi_0}{273} T.$

La loi générale des dissolutions est (Vant'Hoff) $\pi V = RT$ analogue à celle des gaz. Une molécule-gramme de gaz donne $PV = RT = 84.700\ T$.

Calculons la constante R dans le cas d'une dissolution de sucre à 1 pour 100 prise à 0 degré ($T = 273$).

L'expérience donne $\pi = 49$ cm. 3 de mercure, soit $49{,}3 \times 13{,}59 = 671$ grammes de pression par centimètre carré de surface.

La molécule de sucre de 342 grammes dans cette dissolution à 1 0/0 occupe un volume de 34200 centimètres cubes. Remplaçons dans $\pi V = RT$. Il vient : $671 \times 34200 = R \times 273$, d'où $R = \frac{671 \times 34200}{273} = 84200$ voisin de 84700.

Van t'Hoff s'est basé sur cette concordance pour énoncer cette loi. « *La pression osmotique d'une dissolution a la même valeur que la pression qu'exercerait la substance dissoute si, à la température de l'expérience, elle était gazeuse et occupait un volume égal à celui de la dissolution.* »

III. La pression osmotique ne dépend que du nombre des molécules dissoutes dans un même espace. Elle est indépendante de la nature du dissolvant et de celle du corps dissous.

En réalité, la relation $PV = RT$ n'est pas directement applicable à tous les corps dissous. Certains corps font exception : sels, acides, bases, les mêmes précisément qui faisaient exception aux lois de cryoscopie et de tonométrie.

On trouve $\pi > \frac{RT}{V}$; $\pi = \frac{iRT}{V}$. ou $\pi V = iRT$.

La pression osmotique trouvée est plus grande que celle voulue par la théorie.

Tout se passe comme si la dissolution renfermait un nombre de molécules supérieur à celui qu'on y a introduit — un nombre i fois plus grand—comme si une molécule introduite dans le solvant formait i éléments actifs; i *s'appelle le coefficient de dissociation.*

Les anomalies disparaissent si l'on admet avec Arrhénius que les corps qui se conduisent ainsi ont été en effet dissociés, le facteur i marquant l'intensité de cette dissociation.

Du degré de dissociation. — Soit une dissolution, on y introduit N molécules, x N molécules se dissocient donnant chacune n ions libres ; soit nxN ions libres. Il reste $(1 - x)$ N molécules intactes.

Le nombre total d'éléments, existant dans la dissolution, est : $(1 - x)\,N + nxN = N\,(1 - x + nx) = N\,(1 + (n - 1)\,x)$.

Tous ces éléments sont actifs et produisent un certain effet total. En rattachant l'effet total aux N molécules, on trouve pour chacune des valeurs trop élevées pour les : pression omotique, abaissement moléculaire de congélation, diminution relative de tension de vapeur. Ce sont les exceptions aux lois générales.

Le résultat est i fois trop fort, et on a :

$$i = \frac{N\,(1 + (n - 1)\,x)}{N} = 1 + (n - 1)\,x.$$

n, nombre d'ions est connu. On peut déduire x, si i est connu.

Déterminations de i. — Le volume qui, dans les dissolutions normales, renferme une molécule, en renferme i dans les solutions dissociables.

1° *Par la cryoscopie.* — On détermine l'abaissement moléculaire d'une substance dissoute dans l'eau. Si cette substance est normale, l'abaissement est 18,5. Si elle est dissociée, l'abaissement est Δ. Le nombre d'éléments correspondant à 1 molécule du corps dans ces conditions est $i = \frac{\Delta}{18,5}$[1].

[1] Voir page 58.

2° *Tonométrie.* — On détermine la diminution de tension de vapeur produite par 1 molécule du corps dans 100 molécules d'eau. Si le corps est normal, la diminution est 0,0104 environ. Si le corps est dissociable, l'effet est égal à $i \times 0,0104 = \theta$, d'où : $i = \frac{\theta}{0,0104}$.

3° *Pression osmotique.* — *Coefficients isotoniques.*

a) $i = \frac{\pi V}{RT}$[1].

b) Deux corps qui se conduisent de même ont même coefficient isotonique.

Les corps organiques qui ne se dissocient pas, pour lesquels $i = 1$, ont un coefficient isotonique égal à 2. Les sels ont des coefficients isotoniques plus élevés, car ils se dissocient. On a $i = \frac{\textit{Coefficient isotonique}}{2}$.

4° *Conductibilité électrique.* — On observe que la conductibilité électrique moléculaire augmente avec la dilution et tend vers une limite λ_m. Pour une concentration donnée, elle est $\lambda < \lambda_m$.

La différence tient à ce fait : A la limite, toutes les molécules sont dissociées en ions ; or, la conductibilité moléculaire est proportionnelle au nombre d'ions, c'est-à-dire au nombre des molécules dissociées. Pour une dilution moindre, x pour 100 molécules seulement sont dissociées, on a par suite le rapport $\frac{\lambda}{\lambda_m} = \frac{x}{1}$, d'où l'on tire $x = \frac{\lambda}{\lambda_m}$.

RELATIONS THÉORIQUES *entre les pression osmotique,*

[1] Voir page 126.

point de congélation, tension de vapeur des dissolutions.

La mesure expérimentale de la pression osmotique conduit à une valeur identique à celle que l'on obtiendrait en supposant toutes les molécules du corps dissous libres et mobiles dans le dissolvant comme les molécules gazeuses dans le vide. D'après cette propriété, il est facile de calculer la pression osmotique d'une solution[1].

CALCUL DE LA PRESSION OSMOTIQUE. — Soient p grammes d'un corps, de poids moléculaire M occupant le volume V centimètres cubes à t^{o} sous une pression de π grammes par centimètre carré.

Le même volume d'hydrogène, dans les mêmes conditions, pèserait :

$$p' = 0{,}001293 \times 0{,}069 \times V \times \frac{\pi}{1033} \cdot \frac{1}{1 + \alpha t}$$

[1] Les considérations suivantes nous ont été gracieusement communiquées par M. Houllevigue, maître de conférences de physique.

Consulter les revues suivantes :

1885. Van t'Hoff, Archives néerlandaises *(loc. cit.)*.

1887. Van t'Hoff *(Zeitsch f. Physik chim.)*.

1889-90. Lespieau (Conférences du laboratoire de Friedel).

1890. Etard, Pression osmotique *(Revue générale des sciences*, p. 193).

1891. Lorentz, Théorie moléculaire des solutions diluées *(Arch. néerlandaises*, t. XXV).

1893. Van t'Hoff, Pression osmotique au point de vue physiologique, physique et chimique *(Revue génér. des sciences)*.

1893. Charpy, Sur les solutions *(Revue générale des sciences)*.

1894. Freundler, Tonométrie et Cryoscopie *(Revue générale des sciences)*.

1894. Raoult, Diminution des tensions de vapeur et abaissement du point de congélation *(Revue générale des sciences)*.

1895. Bouty, Dissolutions étendues et pression osmotique *(Journal de Physique*, p. 154).

Comme le poids moléculaire est double de la densité par rapport à l'hydrogène.

$$M = 2\frac{p}{p'} = \frac{2p \times 1033\,(1+\alpha t)}{0{,}001293 \times 0{,}069 \times V \times \pi}$$

d'où :

$$(1)\quad \pi = \frac{2 \times 1033}{0{,}001293 \times 0{,}069} \cdot \frac{p\,(1+\alpha t)}{MV} = 2{,}315 \times 10^7 \frac{p\,(1+\alpha t)}{MV}$$

Si p représente le poids en grammes contenu dans un gramme de la solution, et D le poids spécifique de celle-ci, on a $V = \frac{1}{D}$ et par suite :

$$(1\ \text{bis})\quad \pi = 2{,}315 \times 10^7 \frac{p\,D\,(1+\alpha t)}{M}$$

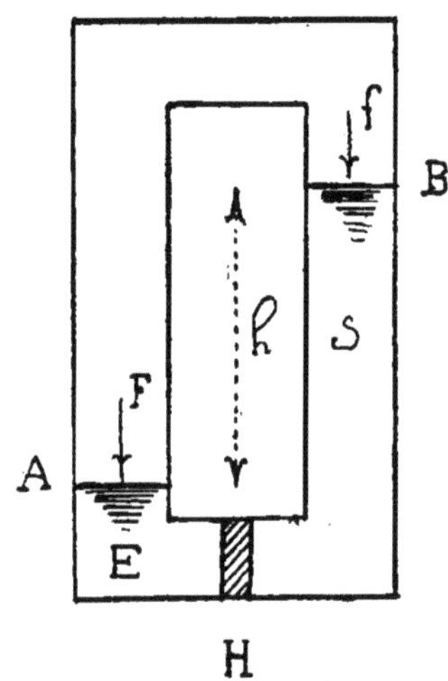

Fig. 1.

I. Relation entre la pression osmotique et la tension de vapeur. — Considérons l'état d'équilibre qui s'établit dans un vase ayant la forme figurée ci-dessus, entre un dissolvant E et une solution saline S dans ce dissolvant, séparées par une cloison hémi-perméable H, et la vapeur du dissolvant.

Supposons tous les points de ce système à la même température et les parois du vase imperméables à la chaleur. Comme aucun effet permanent de distillation n'est possible dans le système, isolé au point de vue thermique (sans quoi on aurait réalisé le mouvement perpétuel), il est nécessaire que la différence des tensions de vapeur F et f qui règnent en A et B fasse équilibre au poids de la colonne de vapeur comprise entre les deux niveaux.

En désignant par δ la densité de la vapeur par rapport à l'air, par h la différence verticale des niveaux A et B en centimètres, et supposant applicables les lois des gaz parfaits, cette considération s'exprime par :

$$(2)\ \log.\,\text{nép.}\frac{F}{f} = 1{,}251 \times 10^{-6}\frac{\delta}{1+\alpha t}\cdot h.$$

Le calcul est identique à celui qu'on indique dans les traités de physique pour évaluer les hauteurs en fonction de la pression atmosphérique (formule de Babinet).

D'ailleurs, en désignant par D le poids spécifique de la solution, supposée homogène, les conditions d'équilibre hydrostatique exigent qu'on ait :

$$(3)\ \pi + F = hd + f.$$

En éliminant h entre (2) et (3), on a la relation cherchée entre π, F et f. Comme dans la pratique, la différence $F-f$ est négligeable par rapport aux autres termes de (3), on obtient :

$$(4)\ \pi = Dh = \frac{D(1+\alpha t)}{1{,}293 \times 10^{-6} \times \delta}\log\frac{F}{f}$$

C'est la relation cherchée.

Applications. — 1° *Tonométrie.* — La relation entre les poids moléculaires M et M' du corps dissous et du corps dissolvant et les tensions de vapeur F et f s'obtiendra en égalant les deux valeurs de π données par (1 bis) et (4), ce qui donne :

$$2{,}315 \times 10^{7} \times \frac{p}{M} = \frac{\log\frac{F}{f}}{1{,}293 \times 10^{-6} \times \delta}$$

Comme le poids moléculaire M' est double de la densité par rapport à l'hydrogène $M' = \frac{2\delta}{0{,}069}$, d'où $\delta = 0{,}0345\,M'$; l'équation précédente peut alors s'écrire :

$$(5)\ \frac{M}{M'} = \frac{2{,}315 \times 10^7 \times p \times 1.293 \times 10^{-6} \times 0{,}0345}{\log \frac{F}{f}} = 1{,}03 \frac{p}{\log \frac{F}{f}}$$

D'autre part, si F et f diffèrent peu, on peut écrire très approximativement :

$$\log \frac{F}{f} = \frac{F - f}{F}$$

ce qui donne en définitive :

$$(6)\ \frac{M}{M'} = 1.03\ p.\ \frac{F}{F - f}.$$

On retrouve ainsi, à très peu près, la formule empirique donnée par M. Raoult $\frac{M}{M'} = 1.04\ p.\ \frac{F}{F - f}$, et qui sert de base à la tonométrie.

2° *Loi de Babo*[1]. — Cette loi, vérifiée dans de nombreux cas comme approchée, mais non rigoureuse, s'exprime par $\frac{F}{f} = C^{te}$.

C'est une conséquence de la formule (6) qui donne :

$$\frac{F}{f} = \frac{M}{M - 1.03\, p\, M'}$$

p, poids de sel dissous dans 1 gramme de la solution, représente le coefficient de solubilité défini par M. Etard : ce coefficient n'est pas un nombre fixe ; mais il varie généralement assez peu avec la température dans un intervalle d'une vingtaine de degrés ; c'est dans cet intervalle que la loi de Babo se vérifie pour la plupart des corps.

3° *Loi de Raoult*[2]. — Cette loi s'exprime par :

$\frac{F - f}{F} = k' \times n$. k' ayant les valeurs suivantes :

[1] Voir page 70.
[2] Voir page 71.

	Eau	Chlorure de phosphore	Sulfure de carbone	Benzine	Acètone	Alcool éthylique
	—	—	—	—	—	—
$k'=$	0,0102	0,0108	0,0105	0,0106	0,0101	0,0101

Cette loi est comprise approximativement dans la relation (6). En effet, une dissolution contenant n molécules de corps dissous de poids nM, contient en tout 100 molécules de poids $n\text{M}+(100-n)\text{M}'$, de sorte que le poids p du corps dissous dans 1 gr. de la solution est :

$$p=\frac{n\text{M}}{n\text{M}+(100-n)\text{M}'}=\frac{n\text{M}}{100\text{M}'+n(\text{M}-\text{M}')}$$

pour une solution étendue où n est très petit, cette valeur de p diffère peu de

$$p=\frac{n}{100}\times\frac{\text{M}}{\text{M}'}$$

En la portant dans (6), on trouve:

$$\frac{\text{F}-f}{\text{F}}=0,0103\,n$$

et la valeur de la constante 0,0103 diffère peu des valeurs de k' trouvées pour les différentes solutions.

4° *Dissolutions isotoniques.* — Deux dissolutions isotoniques, de même dissolvant ont, à la même température, la même tension maxima de vapeur.

Cette proposition, pour être vraie, suppose que les deux dissolutions aient approximativement le même poids spécifique D.

En effet, on a alors, d'après (4) :

$$\text{pour la première : } \pi=\frac{\text{D}(1+\alpha t)}{1,293\times10^{-6}\times\delta}\log.\frac{\text{F}}{f}$$

$$\text{pour la deuxième : } \pi=\frac{\text{D}(1+\alpha t)}{1,293\times10^{-6}\times\delta}\log.\frac{\text{F}}{f'}$$

de la comparaison de ces équations résulte $f=f'$.

On peut d'ailleurs le voir directement en séparant par une cloison hémiperméable H deux solutions isotoniques A et A'. Si leurs densités sont égales, elles seront en équilibre, leurs niveaux étant dans un même plan, et alors on doit avoir $f=f'$, sans quoi il se produirait dans le système une circulation continue par distillation de A vers A′, ou inversement.

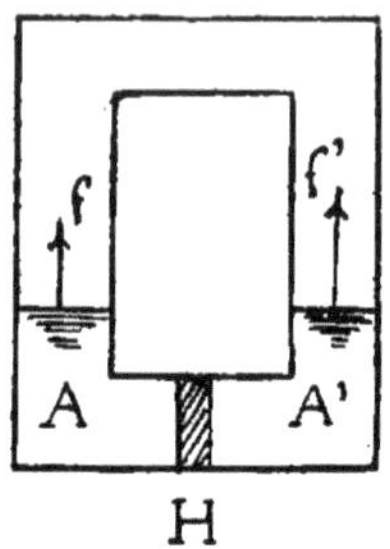

Fig. 2.

5° *Loi de Hamburger.* — Deux dissolutions isotoniques à une température donnée, sont isotoniques à toute autre température.

Cette loi, établie par les expériences de de Vriès, Soret, Donders et Hamburger, peut être considérée comme une conséquence approchée de la loi de Babo. En effet, pour deux solutions isotoniques à $t°$, on a, d'après (4) :

$$\pi = \frac{D(1+\alpha t)}{1{,}293 \times 10^{-6} \times \delta} \log.\frac{F}{f}$$

Si la température devient t', la pression osmotique devient, pour la première :

$$\pi'_1 = \frac{D'_1(1+\alpha t')}{1{,}293 \times 10^{-6} \times \delta} \log.\frac{F'}{f'_1}$$

et pour la seconde :

$$\pi'_2 = \frac{D'_2(1+\alpha t')}{1{,}293 \times 10^{-6} \times \delta} \log.\frac{F'}{f'_2}$$

Mais, d'après la loi de Babo :

$$\frac{F}{f} = \frac{F'}{f'_1} = \frac{F'}{f'_2}$$

comme d'autre part, D'_1 diffère très peu de D'_2, on a sensiblement $\pi'_1 = \pi'_2$, ce qui justifie la loi.

II. Relation entre la pression osmotique et la

TEMPÉRATURE DE CONGÉLATION. — Nous supposons que le solide congelé est formé du dissolvant pur, ce qui dans la plupart des cas est conforme à l'observation. Dans ces conditions la tension de vapeur est la même, au point de congélation, pour le dissolvant congelé et pour la dissolution, sans quoi il n'y aurait pas d'équilibre possible à cette température.

Représentons graphiquement l'état d'équilibre qui existe aux différentes températures entre le dissolvant, solide ou liquide, la solution et sa vapeur. Portons en abscisses les températures et en ordonnées les tensions maxima du dissolvant solide et liquide et de la solution liquide.

Soient L la chaleur de vaporisation du dissolvant liquide, l la chaleur de congélation, v' le volume spécifique de la vapeur à la température de fusion (t° centigrades, $T^{\circ} = t + 273$ en températures absolues).

On a, d'après la formule de Clapeyron, en appelant E l'équivalent mécanique de la chaleur :

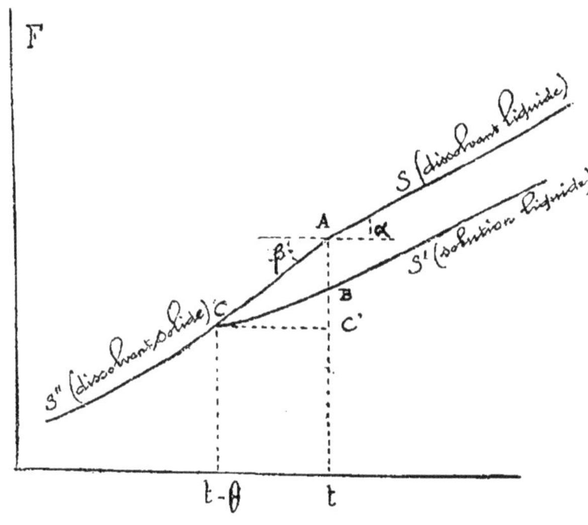

Fig. 3.

$$L=\frac{T}{E}v'\frac{dp}{dt}=\frac{T}{E}v' \text{ tang } \alpha$$

$$L+l=\frac{T}{E}v' \text{ tang } \beta$$

d'où en retranchant :

$$l=\frac{T}{E}v' (\text{tang } \beta - \text{tang } \alpha)$$

Les deux courbes S et S' étant sensiblement parallèles dans une étendue aussi restreinte que celle qu'on considère, l'angle α est égal sensiblement à BCC' et β = ACC'. Donc tang β — tang α = $\frac{AC'-BC'}{CC'}=\frac{AB}{\theta}$ en désignant par θ l'abaissement cherché du point de fusion.

Donc :
$$l=\frac{T}{E}v'.\frac{AB}{\theta}$$

Or, AB représente l'abaissement $F-f$ de tension de vapeur causé par la présence du corps dissous : il est relié à la pression osmotique par la formule (4) :

$$\pi=\frac{D(1+\alpha t)}{1,293\times 10^{-6}\times\delta}\log.\frac{F}{f}=\frac{D(1+\alpha t)}{1,293\times 10^{-6}\times\delta}\times\frac{F-f}{F}.$$

d'où :

$$AB=F-f=1,293\times 10^{-6}\frac{\pi\delta F}{D(1+\alpha t)}$$

D'autre part, le volume spécifique v'_0 est donné par la relation :

$$1=0,001293\times\delta\times\frac{F}{1033}\times\frac{1}{1+\alpha t}\times v'_0$$

$$v'_0=\frac{1033(1+\alpha t)}{0,001293\times\delta\times F}$$

Remplaçant AB et v'_0 par ces valeurs, on a :

$$l=\frac{1033\times 1,293\times 10^{-6}\pi.F.\delta(+\alpha t)T}{0,001293.E.\theta.D.(1+\alpha t)}$$

$$=2,42\times 10^{-5}\frac{\pi T}{\theta D}$$

ou enfin :

$$(7)\frac{l\theta}{T}=2,42\times 10^{-5}\frac{\pi}{D}$$

Telle est la formule établie par Van t'Hoff. On peut encore la mettre sous une forme différente, également donnée par ce physicien.

Soit n le nombre des molécules-grammes dissoutes dans 100 grammes de la solution. Le poids dissous dans 1 gramme est $p=\frac{nM}{100}$, et la pression osmotique correspondant est, d'après (1 bis):

$$\pi=2,315\times10^7\times\frac{nM}{100}\cdot\frac{D(1+\alpha t)}{M}=8,48\times10^2 nDT$$

En remplaçant π par cette valeur dans (7), on a :

$$\frac{l\theta}{T}=0,02\,nT. \qquad (8)$$

Applications. — 1° *Loi de Blagden.* — L'abaissement du point de congélation est proportionnel au poids de sel dissous dans un poids d'eau donné. Comme approximation, c'est une conséquence de (8). Cette relation nous indique que θ est proportionnel à n pour un même corps et un même dissolvant, c'est-à-dire que l'abaissement du point de congélation est proportionnel au poids de sel dissous dans un poids fixe (100 gr.) de la solution. Ce dernier diffère peu du poids $100 - nM$ du dissolvant, pour les solutions étendues, où n est faible.

2° *Cryoscopie.* — L'abaissement moléculaire du point de congélation est d'aprés (8)

$$t=\frac{\theta}{n}=0,02\frac{T^2}{l}$$

on retrouve la formule donnée par Van t'Hoff $t=0,01976\frac{T}{l^2}$ et soumise par lui et M. Raoult à de nombreuses vérifications.

C'est la formule fondamentale de la cryoscopie par laquelle on détermine le poids moléculaire M d'un corps en solution. Si P grammes de ce corps, dans 100 grammes de solution, donnent un abaissement de x degrés, l'abaissement moléculaire est

$$t = \frac{Mx}{P} = 0{,}02\,\frac{T^2}{l}$$

d'où :

$$M = 0{,}02\,\frac{T^2\,P}{lx}$$

P et x sont les seules quantités à déterminer ; T et l se rapportent au dissolvant et sont connus.

3° *Deux dissolutions isotoniques faites avec le même dissolvant ont même point de congélation.* — Cette proposition est vraie seulement pour deux dissolutions, *assez étendues* pour que leurs densités diffèrent peu l'une de l'autre. En effet, d'après (7), l'abaissement θ du point de congélation est :

$$\theta = 2{,}42 \times 10^{-5}\,\frac{T\,\pi}{l\,D}$$

π, T, l et D ayant même valeur pour chacune des deux dissolutions.

On peut d'ailleurs, sous les mêmes réserves, établir directement cette proposition en considérant l'équilibre qui s'établit entre deux solutions isotoniques, leur vapeur, et le solide provenant de leur congélation. Il est aisé de voir que cet équilibre ne saurait exister si la température de congélation était différente pour les deux solutions considérées.

Applications de ces relations. — D'après les relations établies, il est facile de calculer certaines propriétés d'une solution, une autre propriété de la même solution étant connue.

On pourra déterminer π et calculer Δ ou f' ;

Ou bien déterminer f' et calculer Δ et π ;

Ou encore déterminer Δ et calculer f et π.

Discutons les méthodes :

1° *a)* La détermination de π en valeur absolue est délicate, les membranes hémi-perméables étant difficiles à obtenir ;

b) La mesure relative de π par des cellules vivantes présente des difficultés.

En effet, on peut ne pas avoir toujours sous la main les cellules convenables ; les substances qui attaquent les cellules ne peuvent pas être étudiées par ce moyen.

Enfin, de telles cellules n'étant pas rigoureusement hémiperméables, les mesures peuvent ne pas être exactes. On a vu, en particulier, qu'une substance qui traverse facilement les globules sanguins (urée, par exemple) ne fait pas connaître sa pression osmotique.

2° La tonométrie n'est pas applicable, si le corps est volatil, par exemple ; de plus, cette méthode est moins précise que la cryoscopie ;

3° En pratique, une dissolution étant donnée, on détermine d'ordinaire son point de congélation et, de cette donnée, on déduit les autres propriétés de la dissolution.

Nous ferons ici une remarque. La cryoscopie indiquera l'effet *total* dû au nombre total des éléments existant dans la dissolution. On pourra, partant de là, calculer la pression osmotique que *donnerait* cette dissolution séparée de l'eau par une membrane hémiperméable. Mais elle ne dira pas quelle tension mesurable ferait naître cette dissolution dans une enveloppe assez perméable à certains des éléments dissous.

Considérons une dissolution aqueuse contenant un élément actif, une molécule-gramme par litre. Calculons ses propriétés principales :

1° Quel est son point de congélation ?

1 molécule dans 100 grammes d'eau donne un abaissement de 18°5, 1 molécule par litre 1°85;

2° Quelle est sa pression osmotique ?

L'équation[1] $\pi = 2{,}315 \times 10^7 \dfrac{p(1+\alpha t)}{MV}$ permet le calcul.

La solution renferme une molécule par litre $p = M$; $V = 1000$.

Remplaçons; il vient :

$$\pi = 2{,}315 \times 10^7 \frac{M}{M} \cdot \frac{(1+\alpha t)}{1000}$$

ou $\pi = 23.150$ grammes $(1 + \alpha t)$ par centimètre carré de surface, soit, en eau, une colonne de 231 m. 50 $(1 + \alpha t)$, et

en mercure $\dfrac{231 \text{ m.}5}{13{,}59} = 17$ m. 03 à 0°;

en atmosphères : $\dfrac{23.150(1+\alpha t)}{1033} = 22$ atm. 41.

B. Nous avons vu qu'un abaissement du point de congélation de 1 degré correspond à une concentration de 0,54 molécule par litre[2].

Quelle est la pression osmotique de cette solution ?

1 molécule correspond à $\pi = 23.150(1 + \alpha t)$.

0,54 — — $\pi = 23.150 \times 0{,}54(1 + \alpha t)$.

ou en eau . . . 125,0 $(1 + \alpha t)$ mètres

en mercure . . . 9,19 $(1 + \alpha t)$ mètres

en atmosphères. . 12,10 $(1 + \alpha t)$ atmosphères.

[1] Page 130. — [2] Page 59.

Du point de congélation on peut déduire la pression osmotique qu'aurait le liquide sous la pression ordinaire, à la température *t*; il est évident qu'on ne peut calculer π pour un autre état si les conditions de température et de pression ne sont pas connues.

En résumé. — I. Les lois des dissolutions sont des lois limites. Elles s'appliqueraient à des dissolutions *idéales* dont les dissolutions vraies se rapprochent d'autant plus qu'elles sont plus diluées.

II. Les : pression osmotique, point de congélation, tension de vapeur d'une solution, dépendent du nombre d'éléments existant en dissolution (des monades) et non de la nature de ces éléments.

Si, pour une propriété donnée il faut *n* molécules, on pourra avoir *n* molécules de A ou bien $(n - 4)$ A + 3 B + 1 C ; les propriétés plus haut énoncées seront identiques pour les deux sortes de dissolutions. Deux dissolutions, l'une de NaCl, l'autre de NaCl + PO^4Na^3 + albumine, etc., seront isotoniques si le nombre total des molécules est le même dans les deux cas.

III. Deux dissolutions faites avec le même dissolvant, et qui renferment le même nombre de molécules, ont même point de congélation, même tension de vapeur (si le corps dissous n'est pas volatil), même pression osmotique.

IV. Il y a des relations théoriques entre la pression osmotique, le point de congélation et la tension de vapeur d'une dissolution. L'une de ces grandeurs étant connue, les autres s'en déduisent.

CHAPITRE V

REMARQUES SUR LES APPLICATIONS DES NOTIONS PRÉCÉDENTES A QUELQUES PHÉNOMÈNES BIOLOGIQUES[1]

Dans l'organisme, des liquides existent qui baignent les tissus ; on le sait, des échanges s'opèrent entre ces différents liquides à travers les membranes vivantes. Il y a des phénomènes d'absorption, d'excrétion, de sécrétion.

Les auteurs se sont demandé : 1° Si les lois de l'*isotonie* sont applicables aux phénomènes osmotiques de l'organisme ; 2° si ces lois *seules* suffisent à expliquer les échanges qui se font chez l'être vivant.

Parfois, les lois de l'isotonie paraissent s'appliquer à certains phénomènes biologiques : échanges des cellules. De Vriès, Hamburger, dans leurs recherches sur la plasmolyse, l'hématolyse, trouvent des résultats qui sont cités à l'appui des lois générales. Ce sont là des cas particuliers ; par leur simplicité, ils séduisent les auteurs ; on

[1] Thèse de Bousquet, 1899. — Bousquet-Vaquez, Pression osmotique chez les êtres vivants (*Presse médicale*, 1899, p. 157). — H. Claude et V. Balthazard, Toxicité vraie d'une solution et tension osmotique (*Société biol.*, juin 1899). — L. Maillard, Rôle de l'ionisation dans les phén, vitaux (*Société biol.*, p. 1210, 1898).

passe souvent avec trop de facilité du cas particulier au cas général ; puisque les lois de l'isotonie sont ici applicables, dit-on, elles doivent l'être toujours dans l'organisme. Tel est le raisonnement que l'on fait, on sous-entend quelquefois : il n'est pas rigoureux. Nous essayerons de le montrer.

I. On a vu que deux dissolutions faites avec le même dissolvant et séparées par une *membrane hémiperméable* tendent à se mettre en équilibre osmotique. Un courant de dissolvant pur va de la liqueur la moins concentrée à la plus concentrée ; il s'arrête quand l'*isotonie* est réalisée, quand les deux liquides ont la même concentration moléculaire. La concentration des deux liquides étant connue, on peut prévoir le sens, l'intensité du courant à travers la membrane ; il ne dépend que du nombre des éléments dissous, nullement de leur nature. L'isotonie seule régit le phénomène.

Quand les deux liquides sont à la même température, soumis à la même pression, *l'isotonie est la condition d'équilibre osmotique nécessaire et suffisante pour les membranes hémiperméables.*

Les membranes organiques sont-elles hémiperméables ?

A. Théoriquement, la membrane de toute cellule vivante ne saurait être en tous points et toujours rigoureusement hémiperméable, car elle doit échanger des matériaux : aliments, déchets avec le milieu liquide qui la baigne. Peut-être le devient-elle à certains moments, quand les conditions de défense ou autres l'exigent ; cela n'est pas démontré.

B. Considérons une membrane complexe, telle que la paroi de l'intestin ; on constate qu'il existe entre les cellules de cette membrane de véritables espaces lacunaires, permettant le passage plus ou moins facile des liquides. Il ne saurait être question d'hémiperméabilité dans le cas de semblables membranes. Ces larges membranes ne sont pas absolument comparables à la membrane de chaque cellule ; les lois concernant ces deux sortes de membranes ne sont pas nécessairement les mêmes.

En tout cas, *l'isotonie n'est pas la seule condition nécessaire d'équilibre osmotique dans l'organisme.*

II. *Osmose à travers les membranes perméables*[1].

De toutes les recherches entreprises sur ce sujet découlent les considérations suivantes :

1° Une membrane qui permet l'osmose est poreuse ; toutes les membranes poreuses ne sont pas aptes à produire l'osmose. Elles doivent avoir une *certaine affinité* pour l'un au moins des deux liquides qui les baignent.

2° Pour une substance dissoute donnée, toutes les membranes n'ont pas la même perméabilité. Bien plus, la perméabilité de la membrane dépend du sens de passage ; telle substance traverse facilement la membrane en allant de la face A vers la face B, et la traverse avec peine en passant de B à A.

3° Une membrane donnée n'a pas la même perméabilité pour toutes les substances : les *Colloïdes* traversent moins bien la membrane que les *Cristalloïdes*.

4° Une membrane sépare : une dissolution d'un *seul* corps et de l'eau. On a dit[2] que deux courants prennent naissance. L'équilibre est obtenu quand les deux liqueurs ont même concentration ;

[1] Charpentier, *l'Osmose*, thèse d'agrégation, 1878.

Doumerc, *Osmose des liquides*, thèse de Bordeaux, 1881.

Dastre, l'Osmose chez les êtres vivants (*Revue des Deux Mondes*, décembre 1898).

Ibid., avril 1899.

[2] V. page 82.

elles sont *isotoniques*. La vitesse avec laquelle on tend vers l'équilibre varie (décroît) à mesure qu'on se rapproche du but ; elle dépend d'une foule de circonstances souvent mal connues ; face de la membrane, température, état électrique, pression, mouvement des liquides, etc.

D'après 3°, les lois du phénomène étant connues pour une substance, elles ne s'en déduisent pas nécessairement pour les autres substances.

5° Si les liquides sont des dissolutions de corps *différents*, des échanges s'opèrent encore qui tendent vers l'équilibre. L'équilibre est obtenu quand les liqueurs sont *également homogènes ;* elles sont bien isotoniques, renferment bien le même nombre de molécules, mais, de plus, le *même nombre des mêmes molécules.* L'équilibre s'établira rapidement s'il s'agit de cristalloïdes, lentement si l'on a affaire à des colloïdes.

Si chaque substance dissoute se conduisait indépendamment des autres, on pourrait envisager séparément l'osmose de chaque élément ; le phénomène observé serait la somme de toutes les actions partielles calculées. Ainsi envisagé, le problème est déjà difficile, puisque la vitesse d'osmose varie pendant le phénomène ; il l'est bien davantage en réalité, car il n'est pas prouvé que chaque élément est absolument indépendant, qu'il n'y a pas *d'entraînement* par le courant dû à une des substances dissoutes.

6° Souvent le courant apparent, à un moment donné est dirigé de telle façon que la dissolution concentrée se dilue. Il y a des exceptions, surtout pour les substances acides ; l'osmose se produisant d'une certaine façon, l'addition à l'un des liquides d'une petite quantité d'acide oxalique (Dutrochet) de chlorhyd. de morphine (Poiseuille), change l'intensité et même le sens du courant visible.

En somme :

1. Deux liquides sont en équilibre osmotique *à travers une membrane perméable*, quand (les conditions étant les mêmes pour tous deux), ils renferment *même nombre des mêmes molécules*.

La seule isotonie n'est pas une condition suffisante d'équilibre osmotique quand il s'agit de membranes perméables.

Comment concilier ces faits avec les expériences de de Vriès, Hamburger sur les dissolutions isotoniques? Par l'interprétation suivante : Au même instant, mais *en sens inverse*, le *même nombre* de molécules différentes traverse la paroi cellulaire ; la concentration totale des liquides ne change pas ; il y a des échanges, cependant l'équilibre *paraît* exister à cause de ce mécanisme de compensation. L'*isotonie* est satisfaite ; on a *l'apparence* d'une hémiperméabilité. Hamburger[1] a étendu ses recherches à d'autres cellules animales que les globules rouges ; il a constaté que les spermatozoïdes, les leucocytes *paraissent* aussi en équilibre osmotique quand l'isotonie est réalisée. Il est possible que toutes les cellules vivantes se conduisent de pareille façon, que toutes fassent des échanges de compensation avec les liquides équimoléculaires qui peuvent les baigner, en obéissant à la règle de l'isotonie, mais il faut le prouver. Cela est d'autant plus nécessaire que les hématies prises pour types n'obéissent pas toujours à la règle : deux dissolutions renfermant la *même* quantité *convenable* de NaCl, faites, l'une avec de l'eau simple, l'autre avec une dissolution aqueuse d'urée produisent même action sur les globules rouges, malgré que la liqueur renfermant l'urée soit plus concentrée que l'autre. La *résistance au laquage* n'est pas fonction seulement de la concentration moléculaire.

En supposant même que toutes les cellules vivantes obéis-

[1] *Archiv f. Anat. u. Physiol.*, 1898, p. 317.

sent à l'isotonie, les membranes organiques complexes se conduiront le plus souvent différemment. La connaissance de la concentration totale ne renseigne pas sur l'équilibre osmotique intra-organique ; il faudrait posséder la composition exacte de chacun des liquides en rapport.

2. *On ne peut pas* toujours, à un moment donné, *prévoir a priori* le sens du courant d'osmose[1]. On ne pourra *rigoureusement* conclure pour un certain cas, que d'observations faites dans un cas identique. La différence de concentrations (donnée par la cryoscopie, par exemple) indique qu'il n'y a pas équilibre osmotique, c'est tout. Elle ne prouve pas qu'un courant liquide ira diluer la liqueur concentrée, puisque, dans certains cas, la perte de concentration peut s'opérer par un vrai départ de substances dissoutes.

Si l'osmose avec les membranes *inertes* se présente aussi complexe, quelle complexité ne doivent pas présenter les phénomènes d'osmose à travers les membranes de l'être vivant. Quelles diversités dans l'action des différentes membranes. Quelles variations possibles dans la façon de se conduire d'une même membrane !...

a) Une membrane vivante est perméable, mais la dimension de ses pores dépend de la matière qui constitue la membrane. Cette matière est vivante, elle peut se modifier et modifier par là même ses pores. Comme pour une

[1] L. Barlow, Observations upon the initial rates of osmosis of certain substances in water and in fluids containing albumen (*Journal of physiol.*, XIX, 1896).

L. Barlow, on the initial rate of osmosis of blood serum with reference to the composition of physiological saline solution in Mammal (*Journal of Physiol.*, XX, 1896).

part, la traversée des molécules dépend de leur grosseur, on voit ainsi, approximativement, que la variation de dimensions des pores pourra amener une perturbation dans le passage de certains éléments dissous.

b) Les cellules vivantes élaborent certaines substances. Ces produits ne pourraient-ils pas agir comme la morphine, dans l'expérience de Poiseuille, et modifier ainsi, à un moment convenable, l'intensité et même le sens du phénomène ?

c) Certaines substances sont transformées à la traversée des membranes vivantes : la peptone intestinale se retrouve à l'état d'albumine dans le sang.

Quelles sont les lois régissant de pareils phénomènes ? Dans quels rapports sont-ils avec les phénomenes osmotiques ?

d) Qelle est l'action exacte sur les échanges organiques des phénomènes électriques prenant naissance chez les êtres vivants ?

e) Comment agissent les pressions exercées dans les organes, par contractions musculaires, protoplasmiques, etc. ?

f) Quelle est l'importance de la *circulation* qui renouvelle incessamment un des liquides en litige : le sang ?

Autant de questions dont la solution importe pour l'explication des phénomènes d'osmose dans l'organisme.

Chez les êtres vivants, un fait est rarement produit par une seule cause facile à mettre en évidence. Tout est plus compliqué en général ; ce que l'on observe est la résultante d'un certain nombre d'actions concomitantes, différentes, dont quelques-unes peuvent nous être inconnues.

Il est bien certain que l'organisme utilise les lois physiques ; il est probable qu'il les utilise quand il veut, quand le besoin s'en fait sentir ; comment ? Sans doute en modifiant les *conditions* du phénomène par l'intermédiaire du *système nerveux*.

A cause des facteurs nombreux qui interviennent dans les phénomènes biologiques, l'expérimentation s'impose ; mais les résultats, pour avoir quelque signification, doivent tenir compte de toutes les conditions de l'expérience.

Plus tard, dans la comparaison des résultats, on arrivera sans doute à démêler les véritables causes d'absorption, de sécrétion — à donner l'équation du problème. Il faut reconnaître qu'à l'heure actuelle la solution est inconnue ; dans l'état présent de la science, on ne peut que faire des hypothèses. Il faut être prudent dans les conclusions tirées de recherches sur de pareils sujets.

Quoi qu'il en soit, un fait est acquis. *Les membranes de l'organisme ne sont pas rigoureusement hémiperméables*. L'application des lois de l'hémiperméabilité aux phénomènes organiques n'est pas rigoureusement justifiée. Si elle le paraît, par la coïncidence des résultats théoriques et expérimentanx, il faut se souvenir que, quelque intéressant que soit ce fait, il ne montre qu'une simple coïncidence.

Quand il s'agit de membranes hémiperméables, les termes : tension, pression osmotique, ont une signification objective très nette ; ils représentent une grandeur expérimentale. Avec les membranes perméables, ils sont seulement synonymes de *concentration moléculaire*. Ils ne représentent plus une pression effective, tangible. Dans ce cas, au lieu de pression, tension osmotique, il vaut mieux parler de concentration moléculaire, cela est plus simple et plus explicite.

Recherches biologiques. — Appliquant les méthodes de plasmolyse, hématolyse, mais surtout la cryoscopie, aux liquides de l'organisme, les auteurs ont obtenu des renseignements sur la concentration moléculaire totale de ces liquides. Cette donnée est intéressante ; si les membranes de l'être vivant possédaient l'hémiperméabilité, un tel renseignement expliquerait les échanges qui ont lieu dans l'organisme. En réalité, comme nous l'avons dit déjà, cette *notion de concentration moléculaire totale est insuffisante :* il faut des renseignements plus précis. La connaissance du nombre de chaque espèce de monades existant des deux côtés de la membrane, c'est-à-dire dans le sang d'une part, dans le liquide d'autre part, sans résoudre complètement le problème, le simplifierait tout au moins en permettant d'instituer des expériences avec des membranes inertes.

De pareilles recherches analytiques sont très difficiles, sinon même impossibles. Voici ce que l'on a pu faire de mieux au moyen de la cryoscopie :

a) Mesurer la concentration moléculaire totale du liquide ;

b) Déterminer la concentration en substances salines ;

c) Par différence de ces deux quantités, calculer la concentration représentée par les autres substances dissoutes.

On obtient ainsi deux groupes de substances : salines et organiques. Les éléments d'un même groupe ne sont pas absolument comparables au point de vue de l'osmose; néanmoins c'est là un renseignement qui a sa valeur. Nous estimons que de semblables recherches doivent être poursuivies et améliorées si possible dans le sens que nous indiquions : composition exacte des liquides.

A. *Equilibre osmotique*. — Dans sa remarquable série de recherches sur la cryoscopie des liquides de l'organisme, M. Winter arrivait à cette conclusion : « La concentration moléculaire du sérum sanguin, du lait, des sérosités oscille étroitement autour d'un axe moyen correspondant numériquement à un abaissement de 0°55 du point de congélation de l'eau[1], » soit une concentration de $0{,}54 \times 0{,}55 = 0{,}297$ molécules par litre.

La concentration des liquides de l'organisme oscille autour d'une concentration limite réalisée par le sérum du sang[2]. L'urine cependant a une concentration en général plus faite, le suc gastrique a une moindre concentration que celle du sérum. Cela étant nécessaire d'après M. Win-

[1] Winter, Lois de l'évolution des fonctions digestives *(C. R.*, 1893);

Constance du point de congél. de quelques liquides de l'organisme *(C. R.*, 1895, p. 696);

Temp. de cong. des liqu. de l'org. *(Bul. Soc. chim.*. 1895, p. 1101);

Concentr. molécul. des liq. de l'org. *(Archiv. de Physiol.*, 1896, p. 114);

Equilibre moléculaire des humeurs ; rôle des chlorures *(id.*, 1896, p. 287);

Equil. mol. des humeurs, Etude des limites du cycle digestif *(id.*, 1896, p, 297);

Equil. mol. des humeurs, concentration des urines, limites *(id.*, 1896, p. 529);

Rôle des chlorures et plasmas dans l'organisme (*Société de Biologie*, 1896, p. 792).

[2] Toutes les déterminations faites sur les liquides de l'organisme, pour avoir une valeur documentaire réelle, doivent être rapportées à des déterminations faites en même temps sur le sang de l'individu étudié.

ter pour assurer la continuation des phénomènes osmotiques.

1° En réalité, certaines sérosités s'écartent assez du chiffre 0,55 pour qu'on ne puisse vraiment parler d'équilibre (Ponsot[1]). On trouve des écarts de 0°05 à 0°06 ; ils correspondent à des variations de $0,54 \times 0,05 = 0,027$ molécules par litre. La variation relative de concentration est $\frac{0,027}{0,297} = \frac{1}{11}$ environ, quantité non négligeable assurément.

2° Mais on peut aussi faire la remarque suivante : Deux dissolutions sont isotoniques quand elles ont (sous la même pression extérieure, à la même température), la même pression osmotique ; deux dissolutions qui n'ont pas le même point de congélation pourront cependant être isotoniques si leurs températures, les pressions qu'elles supportent diffèrent convenablement M. Ponsot a établi que deux dissolutions ayant une différence de 0,01 dans leur point de congélation, sont néanmoins en équilibre osmotique si elles supportent des pressions différant de 0,11 atmosphère. Or des différences pareilles peuvent être développées, sans doute, dans l'organisme sous l'influence des contractions musculaires par exemple. Malgré les écarts trouvés dans les points de congélation des liquides organiques, l'équilibre osmotique dont parle M. Winter pourrait donc exister, s'expliquant par de semblables différences de pression. Seulement, remarquons-le bien, une telle interprétation n'a de valeur qu'autant que les liquides dont il s'agit sont séparés par des membranes hémiperméables. Il n'est pas prouvé que les membranes sont hémiperméables.

B. *Concentration moléculaire du sang.* — D'après M. Winter, le sérum sanguin à la même concentration moléculaire chez tous les animaux.

[1] Ponsot, Cryoscopie du lait et des liquides de l'organisme (*Bul. Soc. Chim.*, 1897, p. 757, t. XVII).

De nombreuses recherches ont été effectuées avec des méthodes différentes; hématolyse, hématocrite, cryoscopie. Nous en résumons les conclusions générales :

1° Le point de congélation du sérum est très voisin de celui du sang (Hamburger).

2° Le point de congélation du sérum sanguin varie d'une espèce à l'autre[1] :

Chien . .	— 0,603	Chat . .	— 0,638
Cheval . .	— 0,558	Poule . .	— 0,61
Bœuf . .	— 0,614	Mouton .	— 0,618
Lapin . .	— 0,59	Sélaciens .	— 2,3

Le sérum des mammifères marins présente un point de congélation analogue à celui du sérum des animaux terrestres.

Les liquides organiques des invertébrés marins ont le point de congélation — 2°29.

Remarque.— La concentration moléculaire totale des : sérum de sélaciens, liquide des invertébrés marins est le même (point de congélation — 2°3); cependant leur constitution n'est pas identique[2].

Le liquide des invertébrés renferme . . . 33 pour 1000 Na Cl.
Le sérum des sélaciens renferme . . . . 16,5 — —

3° Le point de congélation du sérum varie chez les différents individus d'une même espèce :

Bœuf . .	— 0,55 à — 0,662	Chien. .	— 0,55 à — 0,69
Cheval .	— 0,52 à — 0,59	Lapin. .	— 0,54 à — 0,67

Chez l'homme on a trouvé les chiffres suivants :

Dreser, — 0,56; Hamburger, — 0,557; Koranyi, — 0,56.

M. Bousquet, dans sa thèse, donne ces chiffres :

[1] Voir chiffres réunis *in* thèse Bousquet, p. 54.

[2] Quinton, Milieu marin organique, sérum total du sang (*Société Biologie*, mars 1899).

Sujets.	Abaissement total du point de congélation	Abaissement dû aux matières minérales.
—	—	—
Neurasthénique. . . .	0,57	0,455
Sciatique.	0,56	0,42

4° Le point de congélation varie chez le même individu :

A. Aux différentes heures de la journée.

Kœppe a montré par des expérience seulement approximatives il est vrai, que la concentration moléculaire était variable dans la journée.

B. Aux divers points de l'appareil circulatoire.

La concentration est plus grande, en général, pour le sang veineux que pour le sang artériel.

Le sang de la veine porte est moins concentré que celui de la veine sus-hépatique.

Donc la richesse moléculaire des divers sangs n'est pas rigoureusement la même. Elle varie chez les divers animaux, et chez le même individu aux divers points de l'appareil circulatoire, aux différentes époques de la vie.

Le double rôle du sang : fleuve alimentaire, réservoir de déchets, explique cette non-homogénéité parfaite. Dans le système artériel, les propriétés du sang sont à peu près les mêmes partout : température, glycose, gaz, etc., le sang veineux qui sort des tissus, des organes, où se sont opérées des réactions et actions diverses a des propriétés qui ne sont plus identiques pour les divers points : gaz, glycose, température, etc. La richesse quantitative a varié, il n'est pas étonnant que le nombre total des éléments indiqués par la cryoscopie ait varié aussi.

Néanmoins, malgré ces légères variations, il est un fait important à retenir ; dans les *conditions physiologiques, le sang tend à conserver une concentration moléculaire à peu près invariable.*

Expériences.

a) Une injection de 7 litres de dissolution So^4Na^2 à 5 pour 100 est faite à un cheval [1] ; elle devrait doubler la concentration du plasma sanguin (Hamburger).

Les recherches de M. Dastre ont montré que le système vasculaire éloignait rapidement les substances superflues.

Ce fait se vérifie : pendant que l'on fait l'injection, se produit déjà une abondante évacuation d'urines, de selles aqueuses, de salive, de larmes ; tous ces liquides renferment de grandes masses de So^4Na^2.

De plus, si quelques minutes après l'injection on examine le liquide qui baigne les globules sanguins, on voit que la composition chimique a changé ; mais le liquide n'est pas *hypertonique*.

b) On injecte une dissolution hypotonique; de l'eau presque pure s'échappe par les émonctoires. Le fluide sanguin ne reste pas hypotonique.

c) On provoque des salivations abondantes (plus de 15 litres), injections : pilocarpine, ésérine. La constitution du plasma change (des substances en sortent, d'autres y arrivent venant des tissus). Le liquide reprend la concentration moléculaire initiale, normale.

d) M Koranyi [2] considère : 1° NaCl existant dans le sang, dans les urines ; 2° la somme de tous les autres éléments de l'urine et du sang. Il constate ce fait : quand le sang livre beaucoup de NaCl au rein, il lui cède peu des autres substances. Inversement, s'il cède beaucoup de ces dernières substances, il livre peu de NaCl au rein.

[1] Hamburger, Pression osmotique dans les sciences médicales (*Presse médicale*, p. 417, 1894).

[2] *Travaux de Koranyi sur l'urine* (voir bibliographie *in* thèse Bousquet).

Ce que l'on peut expliquer en admettant que le sang conserve une concentration à peu près constante.

Dans la pneumonie, les chlorures disparaissent presque complètement des urines ; sans doute, parce que l'économie éliminant des molécules, provenant du foyer malade, garde NaCl pour assurer la constance de la concentration du sang.

Explications. — I. D'après Hamburger, ce serait une *sécrétion endothélio-vasculaire* qui assurerait la constance relative de la « force hydrophile » du plasma.

II. Pour M. Winter, NaCl assure cette constance : Quand le liquide se dilue, les molécules Na Cl se dissocient, *s'ionisent;* le nombre de monades augmente — la concentration moléculaire normale tend ainsi à se rétablir.

III. Voici les explications de MM. Fano et F. Bottazzi [1]. Dans le sang sont des combinaisons de matières protéiques avec les sels minéraux et surtout Na Cl. Ces combinaisons sont dissociables. — Quand des causes perturbatrices tendent à diluer le sang, des molécules protéines-sels se dissocient : il y a augmentation du nombre des éléments ; la concentration tend à redevenir ce qu'elle était normalement. — Si le sang se concentre par perte d'eau, le phénomène inverse se produit ; les molécules protéines-sels se reconstruisent, des agrégats de protéines s'opèrent, le nombre d'éléments diminue ; — la teneur moléculaire se rétablit. Ceci, d'ailleurs, n'empêche pas l'ionisation des molécules de Na Cl qui existent en assez grande quantité à l'état libre dans le sang.

[1] Fano et F. Bottazzi, Pression osmotique du sérum et de la lymphe dans différentes conditions de l'organisme *(Arch. ital. de biologie*, t. XXVI, 1896 ; F. Bottazzi, *Chimica Fisiologica*, t. I, 1898.)

Recherches sur des sujets malades. — On s'est demandé si la concentration moléculaire du sérum renseignerait sur les états pathologiques.

M. Koranyi a déterminé l'abaissement du point de congélation Δ du sérum. M. Bousquet a de plus recherché ce qui revenait dans cet abaissement total aux substances salines. Il détermine Δ, Δ' (matières salines) et calcule Δ'' (autres substances) = Δ—Δ'.

Néphrites. — L'abaissement du point de congélation normal étant 0°56 à 0°57, Koranyi, dans un cas de néphrite aiguë, trouve Δ = 1°04. Le sérum est devenu fortement *hyperostomique*, dit Koranyi. M. Bousquet fait porter ses recherches sur douze brighttiques. Δ varie de 0°54 à 0°645; le plus souvent Δ est supérieur à 0°57. De plus, Δ' augmente, Δ'' diminue. Ils emblerait que, dans le mal de Bright, la concentration moléculaire totale du sérum augmente.

Mais ces observations, quelque intéressantes qu'elles soient, ne sont pas absolument démonstratives; car « les animaux sains ont présenté des différences individuelles, presque aussi grandes que celles-là » (Bousquet).

Ictus. — Δ paraît augmenté, Δ' augmente, Δ'' diminue.

Δ, d'après six cas, a varié de 0°56 à 0°715.

Diabète. — Δ = 0°595. Concentration paraît légèrement augmentée.

De pareilles recherches sont à poursuivre.

Dilution du sang. — *a)* Quand de l'eau en quantité suffisante est ajoutée à du sang, on provoque l'hématolyse (Hamburger).

Pour la provoquer, il faut ajouter :

60 à 90	pour	100 parties d'eau	au sang	de bœuf.
130 à 200	—	—	—	de poulet.
110 à 145	—	—	—	de tanche.
250	—	—	—	de grenouille.

soit des quantités considérables.

Cela est important, car la richesse en eau du plasma est soumise à de grandes variations, et la diffusion de l'hémoglobine dans le sérum est dangereuse pour l'individu.

b) L'hématolyse se produit aussi quand on ajoute au sang des dissolutions trop étendues ; mais, pour la provoquer, il faut, en général, employer davantage de dissolution que d'eau pure.

c) Une dissolution de même concentration que le sérum est souvent inoffensive pour les globules. Pratiquement pour les *injections intravasculaires*, il sera bon d'employer des liquides aqueux ayant même point de congélation que le sérum du patient [1].

C. *Concentration moléculaire du lait* [2].

La graisse suspendue dans le lait n'influe pas sur le point de congélation de ce liquide (Beckman, 1894) ; la cryoscopie ne renseigne que sur les éléments dissous.

M. Winter, en 1895, écrit : « Le sérum sanguin et le lait sont équimoléculaires. Leur concentration moléculaire est la même chez tous les animaux. »

La conclusion de M. Winter demande vérification, car :

1° La comparaison du lait et du sérum sanguin n'a pas été faite en même temps chez le même animal. En pareil cas, il ne faut pas être trop affirmatif, puisque la concentration du sang est sujette à fluctuations.

[1] Voir Note Quinton, *loc. cit.*

[2] Winter, *Bull. Soc. Chimique*, t. XV, p. 162, 1896. — Bordas et Genin, *id.*, t. XVII, p. 339, 1897. — Winter, *id.*, p. 570, 1897. — Ponsot, *id.*, p. 640, 1897. — Béchamp, *id.*, p. 670, 1897. — Ponsot, *id.*, p. 840, 1897. — Winter, *id.*, p. 999, 1897.

2° Le point de congélation n'est pas le même pour les différents laits (Bordas et Genin, Ponsot).

M. Winter proposait de rechercher le mouillage d'un lait en le cryoscopant; la température de congélation serait moins basse pour le lait dilué que pour le lait pur. L'addition de substances solubles au lait étendu d'eau permet de rétablir le point de congélation primitif. Par suite, la méthode cryoscopique n'est pas toujours suffisante pour déceler le mouillage d'un lait.

D. *Formation de l'urine.* — Nombreuses sont les recherches entreprises pour expliquer la formation de l'urine au niveau du rein. On s'est demandé si l'urine est un simple produit de filtration, ou un produit de sécrétion rénale. Résumons les résultats obtenus par la méthode cryoscopique :

I. MM. Fano et Bottazi font, à un chien, l'extirpation des reins. On constate que la concentration du sérum sanguin augmente. Tandis que le sérum normal a une température de congélation voisine de — 0°56, trois heures après l'extirpation des deux reins, la température de congélation devient —0°,61, sept heures après, elle est — 0°73.

Cette expérience confirme ce que l'on savait déjà : le sang se débarrasse de certains matériaux au niveau des reins.

II. A. En cryoscopant le sang veineux rénal, et le sang artériel rénal, on trouve que, d'ordinaire, la concentration du sang veineux est moindre que celle du sang artériel. Ce n'est donc pas simplement du sérum sanguin qui constitue l'urine.

B. 1° La concentration de l'urine est variable aux différentes heures de la journée.

2° Si l'on compare la concentration C de l'urine des

24 heures à celle c du sérum, on trouve qu'elle est souvent plus considérable. Le rapport $\frac{C}{c}$ est d'ordinaire supérieur à l'unité. Chez l'homme, il subit des variations importantes, suivant le sujet, les états pathologiques (3,55 à 0,50). Pour M. Winter, l'urine est caractérisée comme liquide d'excrétion par sa concentration moléculaire supérieure à celle du sérum.

3° Mais il y a des exceptions : $\frac{C}{c} < 1$. Le point de congélation de l'urine est parfois moins bas que celui du sérum. M. Koranyi cite un cas où on avait : température de congélation de l'urine — 0,39 ; du sang — 0,60 $\frac{C}{c} = \frac{0,39}{0,60} = 0,65$.

M. Winter a trouvé dans un cas de néphrite un point de congélation — 0,45 pour l'urine.

Dreser [1] a trouvé qu'après des libations le point de congélation de l'urine indiquait une concentration inférieure à celle du sang. M. Bouchard cite un cas où l'on a C correspondant à — 0,50. Chez les grenouilles on a toujours $\frac{C}{c} < 1$.

On a cru pouvoir de la façon suivante expliquer la sortie de l'eau du sérum pour constituer l'urine. Dans le rein est une dissolution de concentration C. Le sang a la concentration c. L'eau est attirée du sang vers l'urine pro-

[1] Dreser, Ueber diurese (*Arch. f. exp. Pathol. u. Pharmakol.* t. XXIX, p. 303, 1892).

portionnellement à la différence des concentrations. La quantité sortie est $q = k\ (C - c)$.

La fonction rénale dépend de la différence $C - c$. Si $C = c$; $C - c = 0$; H^2O sortie $q = 0$. Il y a anurie.

Une telle explication est insuffisante, puisqu'elle ne rend pas compte de tous les cas : l'urine est parfois moins concentrée que le sang. La différence des concentrations ne joue pas seule un rôle dans la production du liquide urinaire. S'il était démontré que le point du rein où s'effectue le passage du liquide est hémiperméable, on pourrait de cette façon expliquer la sortie de l'eau urinaire et dire que « c'est la pression osmotique de Van t'Hoff[1] », qui provoque la sortie de ce liquide. Une telle interprétation ne montrerait pas d'ailleurs comment a lieu l'élimination des substances dissoutes dans l'urine. En réalité il n'est pas prouvé qu'il existe au niveau du rein des membranes hemiperméables.

L'explication de la formation de l'urine n'est pas donnée par de simples considérations sur l'osmose.

Recherches de M. Bouchard[2]. — M. Bouchard demande à la cryoscopie des urines des renseignements sur la nutrition générale.

Il fait les considérations suivantes :

1° NaCl ne subit dans l'organisme que des dissociations transitoires, il sort comme il est entré ; mais à part Na Cl ;

[1] Bordier, *Actions moléculaires dans l'organisme*, 1899.

[2] Bouchard, Cryoscopie des urines *(C. R.*, 1899, p. 64).

— *Ibid.*, Winter, *priorité*, p. 332.

— *Ibid.*, Bouchard, *réponse*, p. 488.

2° Toutes les substances introduites dans l'organisme sont plus ou moins transformées.

3° *a)* L'albumine en particulier (de poids moléculaire voisin de 6000), suivant les circonstances influençant la nutrition, peut, par dislocations successives, pertes de carbone, donner naissance à des molécules plus petites comme l'urée (PM = 60), mélangées en proportions variables à des molécules plus grosses : créatinine, acide urique, etc. de PM variant de 113 à 1021.

b) Les éléments Ph, S, font partie de molécules complexes : albumine, lécithines, etc. Par oxydations, fragmentations successives, ils deviennent sulfates, phosphates ; mais avant ce terme final ils ont appartenu à des molécules plus grosses.

4° La nutrition est d'autant plus parfaite que l'on obtient des molécules plus nombreuses et plus petites. Elles se retrouvent dans l'urine.

La recherche de la grosseur des molécules éliminées pourra donc renseigner sur la nutrition.

La recherche s'opère ainsi :

1° On détermine le poids P de matières solides contenues dans 100 centimètres cubes d'urine. On dose NaCl = p. Le poids des substances élaborées dans l'organisme et amenées par l'urine = P-p = P'.

2° On cryoscope l'urine (diluée à 1/2 ou 1/5 pour empêcher la précipitation de certains corps), on trouve Δ.

D'autre part, on calcule l'abaissement δ que donnerait p NaCl dans les 100 centimètres cubes d'urine (quelques centièmes de degrés). $C = \Delta - \delta$ = abaissement dû aux P' grammes de substances élaborées.

3° Le poids moléculaire moyen (voir page 66) des substances élaborées est $PM_m = \frac{KP'}{C}$; K valant 18°5.

Malgré qu'une telle méthode ne soit pas rigoureuse, M. Bouchard trouve des résultats intéressants.

A. Chez les *gens normaux*, $PM_m = 62$ à 63, rarement 68 (4 fois sur 82 il a un nombre < 60 : il n'en tient pas compte).

B. Chez *presque tous les malades* PM_m varie de 68-112.

1° Chez les *tuberculeux* on a PM élevé ; si la température est excessive 40 à 41 degrés, PM baisse se rapprochant de la normale.

2° Chez les: *typhiques pneumoniques* PM est élevé ; après la défervescence, il revient vite à la normale.

3° Dans les *néphrites chroniques*, PM s'élève, devient énorme (même si l'albumine est enlevée de l'urine).

« Il semblerait que dans cet état morbide, tout ne se réduit pas à l'imperméabilité rénale, et qu'un trouble nutritif accumule dans le sang les grosses molécules qui sont aussi les molécules toxiques » (Bouchard).

E. *Production de la lymphe*[1]. — Pour Ludwig, la lymphe serait un *produit de filtration*. Pour Heidenhain, elle serait un *produit de sécrétion* des cellules vivantes, constituant la paroi des capillaires.

Les arguments qui intéressent notre sujet sont ceux-ci :

1° Hamburger a constaté que la concentration moléculaire de la lymphe des vaisseaux cervicaux des chevaux était supérieure à celle du sérum sanguin.

2° Fano et F. Bottazzi ont vu de même que la concentration moléculaire de la lymphe cervicale est supérieure à celle du sérum de la jugulaire chez le chien : Jugulaire, $\Delta = -0{,}617$; Lymphe $\Delta = -0{,}625$.

[1] L. Frédéricq, *Rev. gén. des Sciences,* 1896. Rev ann. de Physiol.

Leathes[1] fait cette remarque : Si la concentration de la lymphe cervicale est plus forte que celle du sérum sanguin, cela peut être dû à une sécrétion vraie, mais cela peut être attribué aussi bien à une *désassimilation* des tissus pendant le travail des animaux en expérience.

La question reste ouverte.

F. *Œdème.* — Nous ne parlerons que des théories se rattachant directement à notre sujet.

Pour Hamburger, l'œdème serait dû à une *exagération* de la *sécrétion de la lymphe* dans les interstices cellulaires. Cohnstein croit à un double processus : *filtration* par différence des pressions; *diffusion* due aux concentrations différentes (sang et liquide de l'œdème). Théaulon [2] croit à la cause suivante : C'est la *différence de concentration* du sang et de la lymphe qui amène l'œdème.

1° Si la lymphe est plus concentrée (et elle se concentrerait du fait de la stase provoquée par un obstacle à sa libre circulation) il y a appel de liquide, qui vient du sang; il y a œdème.

2° Si le sang devient moins concentré, par rapport à la lymphe qui a conservé son état normal ; l'état précédent est aussi constitué, la lymphe est la plus concentrée — elle attire le liquide du sang : il y a œdème.

[1] Leathes Some experiments in the exchange of fluid between the blood and tissues (*Journ. of Physiol.*, 1896, p. 1). — L. Barlow, Study of Lymphformation with especial reference to the part played by osmosis and filtration (*Journ. of Physiol.* 1896, XIX).

[2] Théaulon (Thèse de Lyon, 1896) *Conditions pathogéniques de l'œdème.*

Les recherches de Hamburger, Fano et Bottazzi indiquent que, normalement, la lymphe est plus concentrée que le sang — et il n'y a pas d'œdème! — L'explication de Théaulon est insuffisante si l'on accepte son raisonnement, en même temps que les résultats expérimentaux des auteurs ci-dessus.

G. *De l'absorption*[1]. — Les faits suivants ont été constatés par Heidenhain :

1° Dans l'intestin d'un chien on injecte du sérum sanguin de chien. Ce sérum disparaît, il est absorbé.

2° Dans l'intestin d'un chien, on place une dissolution NaCl hypotonique du sérum : elle livre surtout NaCl au sang. L'hypotonie augmente.

3° On place une dissolution hypertonique ; elle cède son eau ; ce n'est que pour des solutions très hypertoniques que l'eau vient du sang dans l'intestin (purgations salines).

Heidenhain conclut : Les lois de l'osmose n'expliquent pas tous ces cas d'absorption ; il y a *action de l'épithélium intestinal*.

Hamburger fait d'autres constatations (1895) : Dans les cavités séreuses : péritoine, péricarde, il injecte des liquides séreux ou dissolutions salines.

1° Ces dissolutions font des échanges avec le sang : sels, matières albuminoïdes.

2° Ces dissolutions, quelle que soit leur concentration initiale, tendent à avoir la même concentration (même point de congélation) que le sérum sanguin.

[1] Morat-Doyon, voir bibl. très complète *in Traité Physiol.*, 1899.

3° Ces dissolutions devenues isotoniques du sang, disparaissent des cavités séreuses.

L'absorption se fait principalement par l'intermédiaire des vaisseaux sanguins.

Si on lie les artères rénales, l'absorption est rendue difficile.

La circulation joue un rôle important dans les phénomènes de résorption. L'absorption se produit sur le cadavre, si l'on fait une circulation artificielle; l'épithélium intestinal n'a pas de rôle actif, dit Hamburger.

La pression intra-abdominale favorise la résorption des dissolutions isotoniques.

Des expériences faites avec des membranes de gélatine confirment ces résultats.

Kövesi (1897) fait des recherches analogues à celles de Hamburger, en opérant sur l'intestin du chien. Il injecte des solutions SO^4Na^2 hyper, hypo, isotoniques. Ces liquides tendent à devenir isotoniques du sérum sanguin.

Kövesi ne croit pas à l'action de l'épithélium, mais il reconnaît qu'il y a une « cause inconnue » qui provoque l'absorption.

De pareilles divergences entre les opinions des auteurs montrent bien, comme nous le disions, la complexité du phénomène, résultante d'actions nombreuses.

H. *Quelques observations :*

1. Les larmes ont une concentration correspondant à NaCl 1,3 pour 100 environ. Des dissolutions plus concentrées mises sur le globe oculaire causent de la douleur : l'œil se ferme, les larmes coulent. Une dissolution étendue fait au contraire ouvrir l'iris. Une dissolution isotonique de NaCl à 1,3 ; 1,4 paraît sans action sur l'œil (Massart).

II. Les lavages de certaines muqueuses, surtout enflammées : pituitaire, sont douloureux quand ils sont faits avec de l'eau pure ; ils ne le sont plus quand on emploie de l'eau salée.

III. Le lavage du péritoine à l'eau simple bouillie, est plutôt nuisible ; le lavage au sérum physiologique ne produit que de minimes altérations de l'endothélium.

De telles remarques ont la valeur d'expériences ; elles servent d'indications : la *concentration des liquides employés en lavages doit se rapprocher de celle des liquides des tissus*. Il faut utiliser des liqueurs de concentration « physiologique », sérum à 9-10 pour 1000 de Na Cl par exemple.

CONCLUSIONS

I. Le sens du courant d'osmose à travers les membranes hémiperméables dépend de la différence des concentrations moléculaires des deux liquides, nullement de la nature des corps dissous. L'équilibre osmotique est atteint quand la concentration moléculaire est la même pour les deux liquides. Il y a alors *isotonie*.

II. A travers les membranes perméables, l'osmose est compliquée ; on ne peut pas toujours prévoir le sens du courant le plus fort. L'équilibre est atteint quand les deux liquides renferment le même nombre des mêmes molécules. L'*isotonie* n'est pas une condition suffisante d'équilibre quand il s'agit de membranes perméables.

III. Il peut arriver que les échanges se fassent à travers les membranes perméables, de telle façon que deux liquides isotoniques, mais renfermant des molécules différentes paraissent en équilibre, par un mécanisme de compensation. C'est une coïncidence. Ce fait est réalisé avec les cellules végétales (de Vriès), les globules sanguins dans certains cas (Hamburger). On ne l'a pas démontré pour toutes les autres cellules animales.

IV. Les membranes de l'organisme ne sont pas rigoureusement hémiperméables ; on ne peut pas leur appliquer correctement les lois de l'hémiperméabilité.

V. Les termes : pression, tension osmotique évoquent, chez beaucoup, l'idée d'une pression *effective* due aux matières dissoutes ; cette pression n'est pas nécessairement effective dans l'organisme. Au lieu de pression osmotique, il vaut mieux dire dans ce cas : concentration moléculaire.

VI. Les lois actuellement connues concernant l'osmose ne suffisent pas à expliquer les phénomènes d'absorption, de sécrétion qui se passent dans l'organisme.

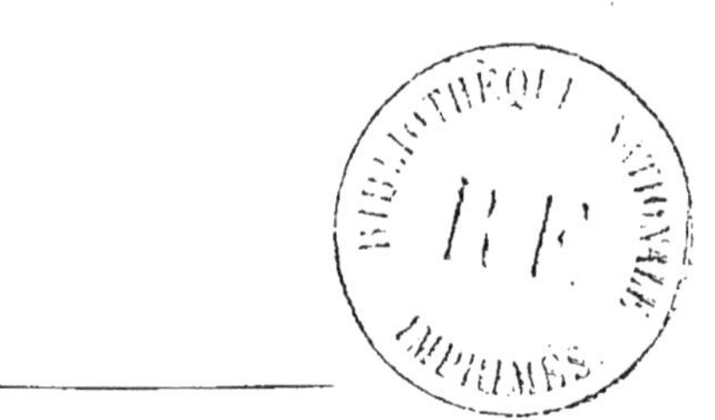

TABLE DES MATIÈRES

Lyon. — Imprimerie A. REY, 4, rue Gentil. — 21011

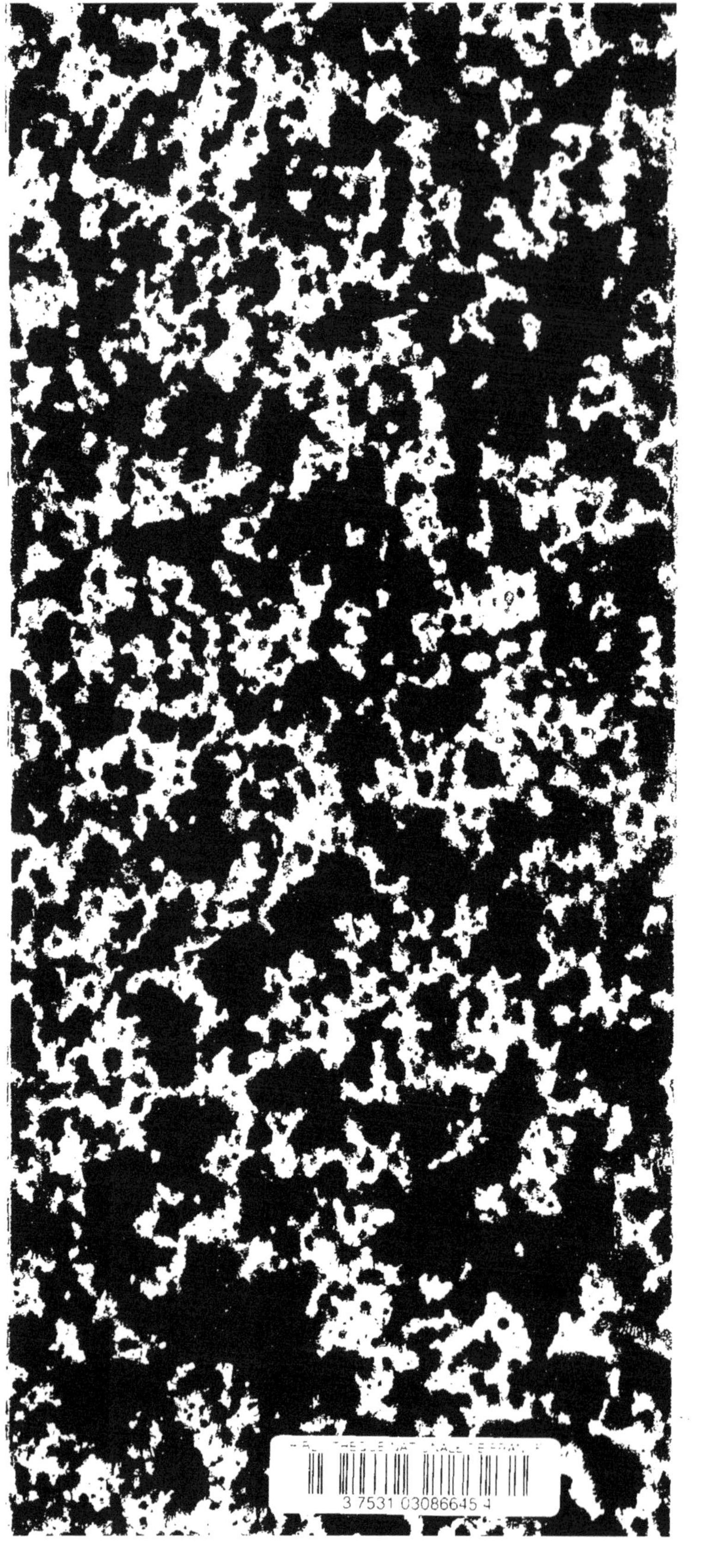

www.ingramcontent.com/pod-product-compliance
Ingram Content Group UK Ltd.
Pitfield, Milton Keynes, MK11 3LW, UK
UKHW020125200726
13856UKWH00002B/751